跟着科学去旅行

走读浙江省科普教育基地

《跟着科学去旅行》编委会 ／ 编著

浙江省科学技术协会
潮新闻 · 钱江晚报
联合出品

浙江科学技术出版社

图书在版编目（CIP）数据

跟着科学去旅行：走读浙江省科普教育基地 /《跟着科学去旅行》编委会编著. 一杭州：浙江科学技术出版社，2023.10

ISBN 978-7-5739-0758-5

Ⅰ.①跟…　Ⅱ.①跟…　Ⅲ.①科学普及-普及教育-浙江　Ⅳ.①G322.755

中国国家版本馆CIP数据核字（2023）第194209号

书　　名	**跟着科学去旅行：走读浙江省科普教育基地**
编　　著	《跟着科学去旅行》编委会

出版发行	**浙江科学技术出版社** 杭州市体育场路 347 号　邮政编码：310006 办公室电话：0571-85176593 销售部电话：0571-85176040
排　　版	杭州敬恒文化传媒有限公司
印　　刷	杭州捷派印务有限公司
经　　销	全国各地新华书店

开　　本	880mm × 1230mm　1/32	印　　张	6.375
字　　数	124 千字		
版　　次	2023 年 10 月第 1 版	印　　次	2023 年 10 月第 1 次印刷
书　　号	ISBN 978-7-5739-0758-5	定　　价	48.00 元

责任编辑	柳丽敏	**责任美编**	金　晖
责任校对	李亚学	**责任印务**	田　文

编委会

序　言

《跟着科学去旅行：走读浙江省科普教育基地》由浙江省科学技术协会、潮新闻·钱江晚报共同编写，是一部颇有特色的科普作品，今先睹为快，有几点感受和思考，是为序。

科普是社会发展、民族进步的加速器。“知识就是力量”的作者弗朗西斯·培根在其《论科学的增进》中指出，“知识的力量不仅取决于其本身价值的大小，而且取决于它是否被传播及被传播的深度和广度”。

纵观世界科学发展的历程，人类通过科学技术的普及和推广，实现了知识体系的开放和共享、实现了先进生产的传播与扩散、实现了科学文化的传承和发展。在新一轮科技革命和产业变革深入发展的今天，科普还推动了人类思维和生活方式的创新变革，是确保经济繁荣昌盛、维持社会持续发展的重要力量之一。

正是基于此，习近平总书记在2016年全国“科技三会”上创造性指出：科技创新、科学普及是实现创新发展的两翼，要把科学普及放在与科技创新同等重要的位置。没有全民科学素质普遍提高，就难以建立起宏大的高素质创新大军，难以实现科技成果快速转化。这一重要论述，被人亲切地称之为“两翼理论”，成为新时代推动科普工作高质量发展的根本遵循。2022

年9月，中共中央办公厅、国务院办公厅出台了《关于新时代进一步加强科学技术普及工作的意见》，就新时代全面落实“两翼理论”进行制度性部署。党的二十大报告更是高屋建瓴，明确提出“加强国家科普能力建设”。

2023年，习近平专门给“科学与中国”院士专家代表回信强调，科学普及是实现创新发展的重要基础性工作。希望院士专家们继续发扬科学报国的光荣传统，带动更多科技工作者支持和参与科普事业，以优质丰富的内容和喜闻乐见的形式，激发青少年崇尚科学、探索未知的兴趣，促进全民科学素质的提高，为实现高水平科技自立自强、推进中国式现代化不断作出新贡献。

用“走读”科普教育基地的方式来科普，视角独特。特别是书名——“跟着科学去旅行”，将严肃高冷的“科学”与轻松欢快的“旅行”并行，让科普别有一番新意。长期以来，以知识普及为特征的传统科普，通过科普报告、科普讲座、科普展览、科普宣传等方式，有效地推进科学技术知识的推广、扩散和传播，实现了“科学大众化”目标，在科学技术的发展中发挥了重要作用。

然而，在互联网和全媒体背景下，我们进入一个万众科普、大众科普的新时代，人人都是参与者、人人亦是受益者。与此同时，科普的难度也同步增加。一方面，科学技术知识呈指数级增加，需要科普的东西越来越多；另一方面，一些伪科学、似是而非的内容打着科普的旗号，出没互联网，混淆视听，实为反科学，亟须科普去证伪辟谣。怎样让真正的科学走进百姓的生活？怎样推动前沿科学热点“大众化”？怎样有效架起连接公众与知识的桥梁？新时代科普工作的使命不仅要普及科技知识，亦要实现价值引领：用科学点亮社会、科普促进科创、科素惠及民生。

科普教育基地正是承载这些使命和期许的重要平台。据统计，浙江省拥有国家级科普教育基地51家，省级科普教育基地250家，市级科普教育基地792家。他们有的是国家年度十大考古发现的遗址，有的是名人大家的故居，有自然地质风貌展示区、非遗展示点、红色教育基地，还有国家重点实验室、经济技术开发区……他们遍布全省各行各业、各个领域，被誉为老百姓身边的“科技馆”“实验室”；他们依托自身资源优势，开展场景式、体验式、沉浸式科普活动，使科普从“单向普及”走向“双向互动”，从“走近科学”走向“走进科学”，从而达到“潜移默化”“润物无声”的功效。这不仅是科普阵地的拓展，更是科普方式的创新。

为了让更多公众走近科普教育基地，浙江省科学技术协会会同潮新闻·钱江晚报共同策划推出了“行进中的科学——走读浙江省科普教育基地”大型科普人文系列宣传活动，在潮新闻、钱江晚报上开辟专栏，记者们历时近一年时间，踏足全省11市，走访了全省近50个科普教育基地，以“走读”体验的形式，叙述里面的精彩故事，让读者透过记者的体验和笔触，感悟科学精神、科学家精神，感受科技改变生活的伟力。本书从中挑选出30篇左右科学性强、读者阅读量大的文章汇编成册，并特地辑录全省国家级、省级、市级科普教育基地的名单，期望引导更多青少年读者能充分利用好这些遍布各地的科普教育基地，走进科学殿堂，激发科学热情。

在当下这个科技创新和科学普及双轮偕行的新时代，科学技术从来没有像今天这样深刻影响着国家前途命运，从来没有像今天这样深刻影响着人民生活福祉，如此密切地融入我们的日常生活。作为本书的第一位读者，我十分乐意向大家推荐这本《跟着科学去旅行：走读浙江省科普教育基地》。作为一位科普人，我期冀越来越多的人走进科普，走向科学，共创万众科普美好未来。

中国工程院院士
浙江省科协副主席
省科协常委会科普专委会主任
李家彪

目录

上篇 博物知旅 察往知来

下篇 科技逐梦 智引未来

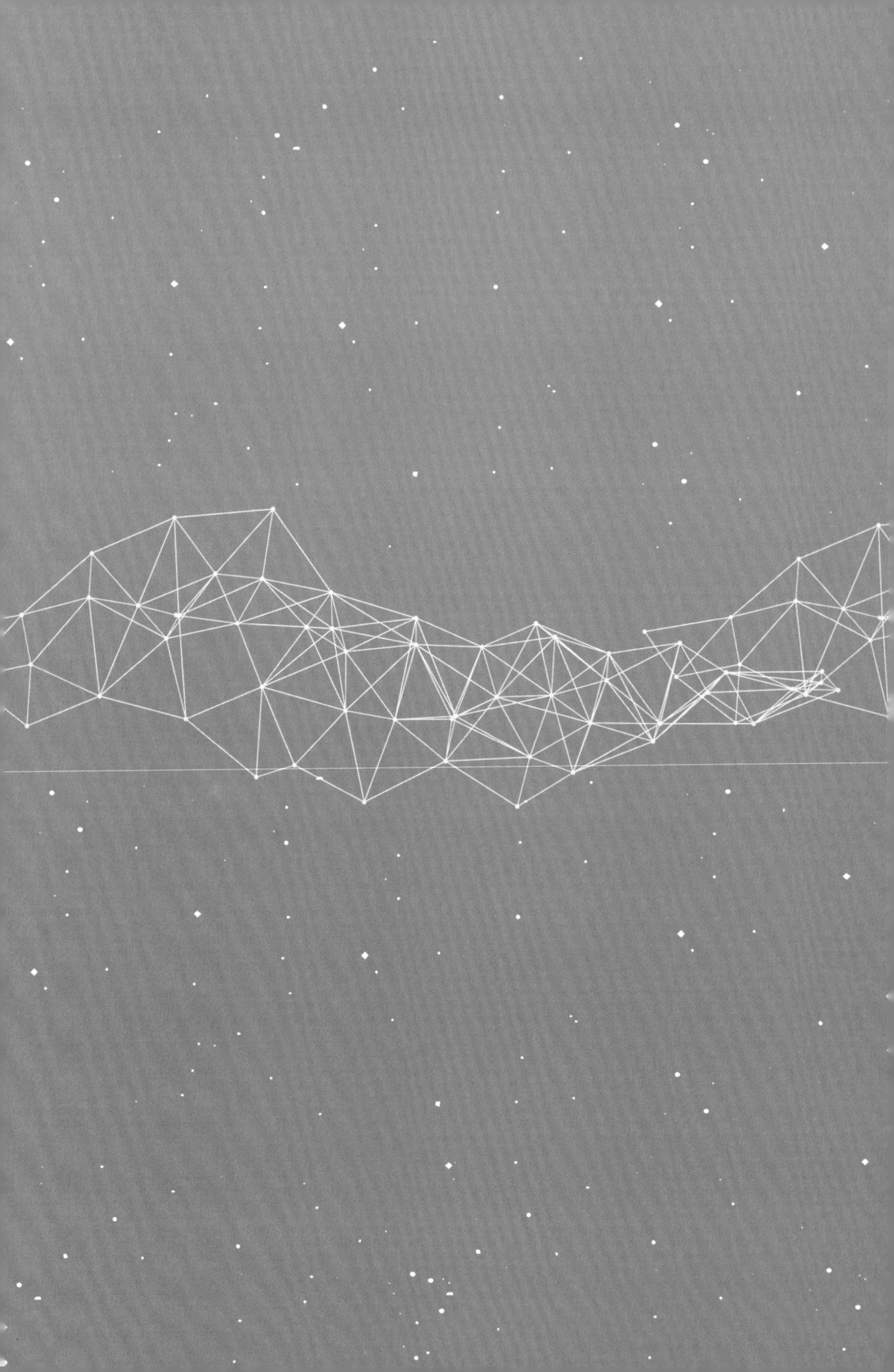

上篇

博物知旅 察往知来

BOWU ZHILV
CHAWANG ZHILAI

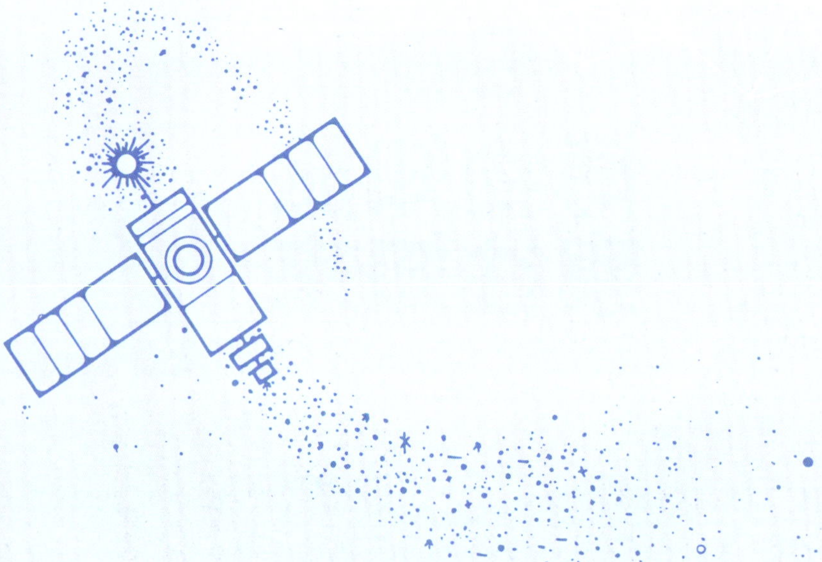

始建于南宋，江南第一名巷有“大”学问

王湛

白墙黑瓦、明窗净几、鸟鸣幽静，在喧嚣的杭州闹市区马市街，隐藏着这么一条幽静的小巷，叫小营巷，它被称为“江南第一名巷”。

据传，小营巷始建于南宋时期。据《杭州与西湖史话》记载，清咸丰十一年（1861）十二月三十一日，太平军二次攻克杭州后，镇守杭州的太平军主将听王陈炳文在此设指挥部，俗称听王府。小营巷即因曾为太平军营地而得名。

小巷长不足千米，内有毛主席视察小营巷纪念馆、中共杭州小组纪念馆、钱学森故居、爱国卫生运动纪念馆等场馆，无一不流淌着红色血脉，小营巷也因此被称为“江南红巷”。沿着青石板路往里走，树影婆娑，钱学森故居里洋溢着科学的气息，小营巷也因此成功入选全国第一批科普教育基地。

钱学森故居，让科学家精神代代相传

方谷园2号，钱学森故居。进门，便是一尊钱学森的半身雕像。据介绍，这里2021年入选首批中国科协“科学家精神培育基地”，2022年入选全国科普教育基地。

故居建于清末，占地867平方米，坐南朝北，合院式布局，面阔三间，进深三进。这是一座江南风格的院落，据传是当年钱学森母亲的嫁妆，钱学森在这里度过了幼年时光。他后来考入国立交通大学（今上海交通大学），每逢寒暑假都会回到此处与家人团聚。

展厅里展陈了钱学森先生的著作、信函、手稿、证件、照片等。

“心术不可得罪于天地，言行皆当无愧于圣贤……《钱氏家训》流传至今，已近千年。”钱学森之子钱永刚教授面对历史照片和影像的剪辑，讲述了钱氏家族的历史背景、故居背景、人物背景。

《钱氏家训》充满了“修齐治平”的智慧，其《国家篇》中提到：利在一身勿谋也，利在天下者必谋之。这是说，只有自己个人能获得的利益就不

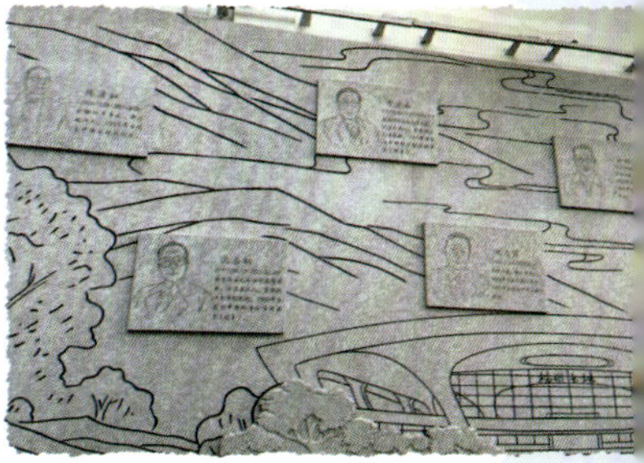

要去谋取，若是天下百姓都能获得的利益就一定要去谋取。

馆中的一个透明玻璃箱体里，一艘“巨轮”正在海上航行，其实，这是一部微电影。影片分为明暗两条线，一方面通过大量历史照片，客观叙述了钱学森一家乘坐“克利夫兰总统号”邮轮，经过20多天风雨雷电的海上航行，艰难回到祖国的历史性事件；另一方面又通过钱学森的回忆、默剧、旁白等手法，述说着从1950年到1955年间钱学森历尽磨难，最终成功回国的艰难历程。

影片通过三维建模、动画渲染、绿幕实拍、数字绿幕抠像、特效包装、后期合成等技术，配合微缩景观复原码头情景，塑造此历史事件的背景氛围，艺术化地表现了钱学森艰难回国这一历史事件。这种科学与艺术结合的呈现手法，让人感受到榜样的力量。

从钱学森故居出来，是一整面墙的院士代表和院士群像浮雕，长110米。因此，那条小巷被称为院士巷，是一条为纪念以钱学森为代表的杭州籍院士和以竺可桢为代表的曾在杭州工作、学习和生活过的院士的小巷。

鱼儿吃孑孓，最接地气的爱卫科普

毛主席视察小营巷纪念馆位于小营巷56号，建筑面积约

200平方米。1958年1月5日，毛主席亲临小营巷视察卫生情况，走进该墙门并给予了高度评价，后来墙门被辟为纪念馆。

天井里，三口大水缸一字排开，里面是雨水。当年毛主席走到一口大缸前揭开木盖，指着水缸中游来游去的鱼儿好奇地问：“为什么养鱼？”小营巷居委会卫生委员回答：“鱼吃孑孓。蚊子最喜欢在水里繁殖孑孓，居民们就想出了在水缸里养鱼的办法。”毛主席听了，高兴地说：“这个办法很好，可以推广。”这是在毛主席视察小营巷纪念馆里的展板上，很多观众都会驻足观看的部分。

虽然这个馆主要讲的是当年毛主席视察小营街道卫生的历史事件，但养鱼吃孑孓的细节很吸引人，老百姓一看就懂，十分接地气。

“蚊子从出生到成蚊，是离不开水的，因此，清除小型积水，断绝它的滋生地，是灭蚊的关键。露天的积水，哪怕只有一瓶盖，只要超过一周，都有可能成为它们的滋生地……”这是多媒体视频《病媒生物防治科普》在讲如何有效预防和驱逐蚊子，介绍防蚊灭蚊的方法。在爱国卫生运动纪念馆里，墙上嵌着很多这样的多媒体演播屏，手指一点，科普视频就开始播放。

“其实，最初发明尿不湿，是为解决航天员长时间在太空行走时

遇到的内急问题。”在小营街道举办的一次科普分享会上，科学家曾向孩子们作《神奇的载人航天》讲座。当孩子们听到纸尿裤的发明就是一项航天技术成果时，齐刷刷地发出了“哇”的惊叹声。

近年来，小营·江南红巷围绕“红巷十”理念，打造“红色、健康、最美”三大核心品牌，基地每年接待前来参观学习的国内外游客学者30余万人次，每年服务周边青少年15万人次。

基地小名片

小营·江南红巷西起马市街，东至直大方伯，南到方谷园，北达清吟街。作为国家AAA级旅游景区，景区内有毛主席视察小营巷纪念馆、中共杭州小组纪念馆、著名科学家钱学森故居纪念馆、郁达夫杭州故居“风雨茅庐”以及红巷生活广场等“四馆一广场”景点。小营·江南红巷先后被评为第七批浙江省科普教育基地、杭州市青少年科普教育基地。

发现河姆渡，看见7000年前的鱼米之乡

陈素萍

辽阔长江中下游，浙江余姚，随着7000年前的一声骨哨吹响，稻穗和猪崽抱入圈栏，阳光沿着木榫嵌进卯槽，双鸟朝阳的时代图腾被刻画，新石器文明的火把在四明山脉被点亮。

“河姆渡”这个词，如今早已家喻户晓，成为浙江史前文化的一个标志性符号。在河姆渡遗址被发现之前，几乎所有的出土证据都表明，中华文明诞生于黄河流域，但随着这个沉睡7000年的聚落遗址赫然出世，有力地证明了长江流域和黄河流域一样，都是中华文明的摇篮。

让我们再次走进河姆渡，感受江南饭稻羹鱼的富饶和文明，寻觅古老年代的科技和创新。

河姆古渡，稻作之源，孕育农耕文明

自开放以来，河姆渡遗址博物馆从不缺参观者。当我们隔

着玻璃将目光划过稻作遗存，仿佛还能聆听到远古先民传来的劳作之声。

在众多的出土文物中，最重要的是大量人工栽培的稻谷。这个发现，改变了之前中国栽培水稻从印度引进的传统说法，甚至许多考古学者据此认为河姆渡可能是中国乃至世界稻作文化的重要发源地。

袁隆平曾考察河姆渡遗址博物馆并题词“河姆古渡稻作之源”，他说：“河姆渡在中华文明成熟之前，起到了稻作文明的奠基作用。”

这片沃土上，古老的稻种挣脱种皮束缚，孕育出人类历史上第一种生态文明——农耕文明。

催芽、育苗、插秧、分蘖、拔节孕穗、抽穗扬花、灌浆成熟……作为人类主要的粮食作物之一，水稻一生中有多道奇丽的风景，看似轻飘的稻谷里装载了太多沉甸甸的希望。

除了稻谷，河姆渡遗址还发现了大量的野生果实，有桃子、葫芦、橡子、菱角、枣子、藻类植物等。种种迹象说明，7000年前，这里曾经气候湿润，生长着茂密的森林，是动植物生长的天堂，因此，我们的祖先才会选择在此繁衍生息。

农耕稻作文化，也一直是河姆渡遗址博物馆致力推广的科普内容。为了加深青少年对水稻文化知识的理解，博物馆工作人员经常将稻作农业科普、水稻科普讲座送进教室，让孩子们眼界大开。

新石器时代的江南，一幅古代生活图景

古往今来，人们依赖文字表达感受，以线条描摹场景。就像古埃及人用绘画记录他们的生活一样，河姆渡人将他们劳作生活的片段记录在了陶器上。

河姆渡人试图用这样的方法告诉我们，他们除了掌握水稻种植技术以外，已经开始驯养家畜。该遗址发掘出61种动物骨骸，分属于34个种属，有羊、鹿、猴子、虎、熊等野生动物，以及猪、狗、水牛等家养的牲畜。

聊起河姆渡遗址出土的器物，不得不提河姆渡文化双鸟朝阳纹象牙蝶形器，长16.6厘米、残宽6.3厘米、厚1.2厘米，纹饰的主体是一对利喙长尾、昂首振翅的巨鸟，拱护着一轮熊熊的太阳搏击升腾。该器物现存于浙江省博物馆，是浙江省博物馆十大镇馆之宝之一。

在当时金属工具尚未出现的条件下，象牙上雕刻出来的双鸟朝阳纹，反映了河姆渡人的审美观念和最高艺术成就。值得注意的是，河姆渡遗址出土的大量精美艺术品中，不少饰有鸟和太阳结合的图案，单独雕塑的鸟形象也出土数件，表现手法具体形象，动感十足。

现在，我们很难去破解河姆渡先民当时到底赋予这组纹饰什么样的文化内涵，但7000多年的时光过去了，我们仍然可以通过这些纹饰，感受到祖先们那自信、光明和向上的激情与力量。从140多件骨制品、大量的石制品和陶器中，我们似乎看到了他们在7000年前的生存状态。

现场物件一点点拼接着河姆渡的“拼图”，漫长的新石器时代浙江先民的生活图景缓缓展开在我们面前。

沧海桑田今犹见，灿烂文明为何戛然而止

1973年夏，当地农民建设排涝工程掘土时，河姆渡遗址被意外发现。

7000年前的河姆渡人究竟是什么样子的？持续了两千多年，这个灿烂的史前文明又为何戛然而止了呢？

古人类学家对出土的几十具河姆渡人的骸骨进行了研究。

他们发现，这些骸骨身高在1.63米到1.69米。面部有宽大的颧骨，眶角圆钝，鼻骨低平，铲形门齿，是典型蒙古人种的特征。

对于河姆渡文化的突然消失，很多历史学家和考古学家都进行过猜测。为了寻找真相，专家们对河姆渡周边地理环境开展调查。他们沿着姚江顺水而下，发现在姚江几乎所有的拐弯处，都有大洪水冲刷的痕迹。

最终，专家们在姚江里的石头上找到了答案。在大隐溪与姚江的结合处，专家们发现了一片溪滩岩。这些溪滩岩被冲刷得扁平、光滑、无棱无角，而这个宽150米的河道水流平缓，只有被猛烈的洪水年复一年地冲刷，河道才会形成今天的样子。

进一步地勘察后，专家们发现河姆渡文化时期至少发生过两次持久的特大洪水。而距今5000年前后的那次洪水，淹没了河姆渡人的屋舍、农田，让他们再也没有重建家园的机会。

海风吹拂了7000年，古老的故事仍在传唱。

基地小名片

河姆渡遗址于2021年入选全国“百年百大考古发现”，2022年又入选了第四批国家考古遗址公园名单。随着近些年浙江史前文化考古发掘的跨步发展，包括井头山、施岙等遗址的发现，河姆渡文化在新时代有了更大的意义。

河姆渡遗址博物馆于1993年5月落成开放，坐落在风景秀丽的四明山北麓，西距余姚市区24千米，东距宁波市25千米。开馆至今，已接待海内外专家、学者及游客600余万人次。先后获“全国优秀爱国主义教育基地”“全国文物系统先进集体”“全国中小学研学实践基地”“浙江省社会科学普及示范基地”“宁波市科普教育基地”等荣誉称号。

凝固的小世界里，藏着大大的地球

金丹丹

在四亿多年前的奥陶纪，五彩缤纷的海百合在海洋中翩翩起舞，似美丽的“海中仙女”；

在一亿多年前的中生代，地球不是现在的样子，恐龙是当时的霸主，在弱肉强食的不二法则下不可一世；

……

沧海桑田，人类成了地球的新住客，但远古的动植物们并不是什么都没有留下。

走进位于绍兴的盘古化石馆，仿佛走进时空隧道。那些深埋在地下的古生物化石，为我们解开了一个个千古之谜，也让我们有机会一睹它们当年的风采，了解地球表面如何变化，探究生命的真谛。

古生物学史上一桩著名冤案，与它有关

四对椭圆形蛋，像花瓣一般散开在褐色的土层中。这些恐龙蛋化石来自距今约1亿年的白垩纪，蛋的主人是窃蛋龙。

古生物学历史上的一桩著名“冤案”，就与它有关。

1923年7月，在中亚戈壁沙漠中，一支探险队意外发现了很多恐龙化石，而且首次发现了恐龙蛋化石。在一个类似土丘的巢穴中，排列着许多卵圆形的恐龙蛋，当时，原角龙的化石就在附近，还有一只体形不大的兽脚类恐龙化石倒在巢穴边上，头骨已破碎。这个场景，看上去似乎是一只兽脚类恐龙想要偷原角龙巢穴里的恐龙蛋，因遭到巢穴主人的攻击而命丧黄泉。于是，古生物学家们将这只兽脚类恐龙命名为“窃蛋龙”，意思是“偷蛋贼”。

1993年，事情有了重大转机。古生物学家在一个原本认为是原角龙的蛋化石中发现，里面竟然是窃蛋龙的胚胎，这是一个关键性的证据。而之前，科学家们在多个化石中发现，窃蛋龙有着孵化和保护自己蛋的习性。孵蛋时，窃蛋龙将整个身体都窝在蛋上，这一点和它们生活在现代的远亲鸟类非常相似，连孵蛋的动作都如出一辙。

在窃蛋龙背负“窃蛋”骂名几十年后，真相终于大白。

时间倒回至白垩纪晚期，那时候的戈壁还是水草丰美的绿洲。一直在守护自己的蛋的窃蛋龙听到巢穴旁传来了其他恐龙的叫声，原来是一群原角龙，虽然数量众多，但对巢穴里的恐龙蛋并没有什么威胁。于是，窃蛋龙继续安心地蹲在巢穴里孵蛋。突然，刮起沙暴，这在当时很常见，原角龙们聚在一起抵御风沙，窃蛋龙则用身体护住了蛋，大家都在静静等待沙暴过去。可这一场沙暴大得惊人，恐龙们都被遮天蔽日的黄沙掩埋了，随着时间的推移，它们成了化石，直到几千万年后考察队的到来，才再一次重见天日。

遗憾的是，虽然“窃蛋龙”的命名是个误会，但名称已被确定下来，没法更改了。

长得像花的海百合，是地球上最古老的动物之一

在盘古化石馆的中堂，有一幅“岩石画”，肆意绽放的百合花栩栩如生。这幅“画”，其实是一块海百合化石，来自距今约2.5亿年前的三叠纪，是大自然用时间与生命画就的作品。

海百合的名字和样子都像“花”，其实，它是生活在海里的棘皮动物。作为地球上最古老的动物之一，它最早出现于距今约4.8亿年前的奥陶纪早期，有多条腕足，身体呈花状，表面有石灰质的壳，长得很像植物。

海百合的身体有像植物茎一样的柄，柄上端羽状的东西是它们的触手，也叫腕。它是一种非常聪明的动物。在盘古化石馆的这块海

百合化石上，我们可以清晰地看到，它抓住海中的浮木，随着水流四处漂浮，扩大食物摄取范围，滤食浮游生物。浮木因常年浸泡在海水中，上面寄生着大量的藤壶贝壳，在浮木化石上，镶嵌着许多贝壳和菊石。虽然埋藏在地下几亿年，从海百合身上，我们依然可以看到三叠纪海洋的繁盛风貌。

海百合化石多以“侧压”的形态存在，“正压”和“背压”的保存方式较少。这块海百合化石，则可以看到海百合花朵的正面、侧面和背面。“正压”海百合的中央位置，有着清晰的斑斑瘤点，这就是海百合的口器。海百合展开的“花瓣”则是它的羽枝，像一张渔网般网住浮游生物，源源不断地往口器输送。

这块海百合化石闪着金色光芒，这是由上面的硫铁矿导致。化石来自海百合的主要发现地之一——贵州关岭，位于层峦叠嶂的群山下。

距今两三亿年前，贵州关岭地区还是一片海域，气候温暖，海水湛蓝，美丽的海百合在海中起舞。兴义龙和贵州龙也生活在这里。随着时间的流逝，海百合和其他动物的遗骸不断被泥沙掩埋，沉积下来，成为珍贵的化石，它们为地质历史时期的古环境研究提供了重要的证据，也为我们描绘出史前海洋的奇妙景观和中国云贵高原的原始风貌。

作为动画片里的明星，剑齿虎是老虎的远古表哥

动画片《冰川时代》中，勇猛、睿智、帅气、沉稳的迪亚哥圈粉无数，它的原型是一只距今约200万年的剑齿虎。

在盘古化石馆，我们就可以看到这位“明星”。来自甘肃和政中新世至更新世（距今大约300万～1万年前）的剑齿虎的头骨化石上，它的标志性“剑齿”——一对长而锋利的犬齿清晰可见，它们伸出嘴部且向后弯曲，如两把锋利的匕首，非常威武。

仔细观察，可以发现，它的剑齿内部还长有像弯刀一样的锯齿，可以更加锋利地切割猎物的皮毛和肌肉，大大提高捕杀的准确率。

剑齿虎两颌的最大张开角度也非常惊人，现代的猫科动物一般为65～70度，剑齿虎可以达到90～120度，让长牙能准确地刺穿猎物身体。

不过，令人意外的是，剑齿虎的咬合力却只有一头雄性东北虎的三分之一左右。而且，剑齿虎的“剑齿”很脆弱，稍不注意就有被折断的危险。

科学家推测，剑齿虎主要靠伏击展开猎杀，在猎物靠近时突然扑出，用强壮的前肢和利爪推倒猎物，将其压在身下，之后颈部发力，精确瞄准

猎物喉部。

剑齿虎虽然名称里有个“虎”字，但并不是老虎，它们可以说是老虎的远古“表哥”，是一类长有发达的匕首状上犬齿的古老猫科动物，两者在很久以前就各自进化、渐行渐远。

剑齿虎生长的时代正处于第四纪冰川时期，气候寒冷。它曾称霸一时，广泛分布在欧洲、亚洲、非洲、南美洲和北美洲。但在一万年前，它却从地球上消失了。

灭绝原因有很多种猜测，也许是剑齿虎太适应于捕猎猛犸象、披毛犀等大型食草动物，但这些动物却被鹿等更小、更敏捷的动物取代了；也许是在现代人类走出非洲、迁移到各大陆的过程中，剑齿虎与人类屡屡“交锋”，最终败下阵来。

基地小名片

盘古化石馆位于绍兴，是一个私人古生物化石博物馆，由香港建筑设计师王仁斌自行出资建造，科普古生物教育，充分展示古生物化石之美。化石馆分为馆藏区与科普区。馆藏有恐龙、恐龙蛋、海百合、伊克昭龙等古生物化石精品3000余件。馆里还设置了科普教学区和手作空间，让来访者在动手研究的过程中加深对化石的认知。

上山考古遗址公园

上山，孕育人类文明的第一粒稻种

郭闻

沿浦阳江上溯，稻田连绵起伏深处，上山考古遗址公园镶嵌其间。黄泥夯的墙，仿茅草屋顶，绿油油的草坪，走入其中仿佛穿越万年。

这里完整保留、复原了20多年前的考古场景，在探坑中，惟妙惟肖的考古人员塑像呈现出或蹲或挖或研究的姿势。通过考古人员的手铲，参观者仿佛拾起一万年前掉入历史缝隙的稻米，透过它斑驳、炭化的痕迹，寻找到原始上山人驯化它、栽培它的痕迹，延续起千古文明。

一粒炭化稻米，改写世界农业历史

上山遗址有三个“最早”，分别是世界上最早的炭化稻米、世界上最早的彩陶和中国最早的定居村落遗迹。这背后可以概括出三个关键词：农业起源、村落之始、巍乎上山。

在上山考古遗址公园陈列馆里，陈列着一粒炭化的稻米，在放大镜和灯光下，其表面呈现出斑驳的焦黄色。这是2006年从上山遗址中发现的一粒完整的炭化稻米，是中国迄今为止发现的最早的一粒驯化稻米。它为“栽培水稻起源于中国”提供了最早的证据，是改写人类文明史的重要发现。

这是一份怎样的证据呢？农业科学研究表明，用显微镜观察水稻小穗轴，野生稻会呈现出比较光滑的结构，驯化稻（栽培稻）则比较粗糙。而这粒炭化的稻米已经有了驯化的痕迹，距今将近1万年，属于驯化初级阶段的原始栽培稻。

水稻的耕种、收割和脱粒是稻作过程中几个重要的阶段，上山遗址中出土了大量与之相关联的石质工具。耕种前，上山人用石斧、砍砸器等除去灌木杂草，在沼泽湿地中播撒稻种。稻米成熟后，利用镰形器和石片石器等割

取稻穗。最后将稻谷放在石磨盘上，利用石磨棒搓磨，这样可以高效率地脱粒，获得洁白、清香的稻米。研究者对镰形器、石片石器、石磨盘、石磨棒等工具的植硅石和微痕分析，同样证实了上山遗址的水稻是经人工驯化的栽培稻。

后来，在义乌桥头遗址、仙居下汤遗址、永康湖西遗址均发现了数量丰富的上山遗址的炭化稻米，这表明在上山文化中晚期水稻的食用更加普遍。

上山是世界稻作农业的起源地，为了让人们充分了解水稻在中国的种植历史与发展，上山考古遗址公园打造了田间博物馆，种植了中华人民共和国成立以来60多个各年代种植推广的水稻品种，这是全国首个稻作博物馆。

2020年，在上山遗址发现20周年之际，“杂交水稻之父”袁隆平写下“万年上山　世界稻源”的题词。

一只陶罐的出现，让彩陶历史前推千年

上山人对稻谷的钟爱和利用，贯穿上山文化。

上山遗址中还有一类引人注目的文物就是陶器。遗址里发现的许多陶片中，都掺杂着稻壳，这说明当时的人们已经有意识地在食用稻米之后，将稻米的残余物羼（音chàn，本义指群

羊杂居，引申为掺杂）合在陶土中制作陶器。在烧制过程中，植物碎末和稻壳会变成炭，从而在陶器成型过程中减少收缩，减少器型变形，作用与掺砂一样。这也算是最早的资源循环、废物利用吧。

这说明在长期的摸索中，上山人的制陶技术日渐成熟，也因此，上山彩陶出现了。

在上山遗址发现之前，人们一直认为西亚彩陶是世界上最早的彩陶，并且中国的彩陶有可能是受到了西亚彩陶的影响，而上山彩陶的发现，将世界彩陶历史前推了1000年。

上山陶器大部分都有一层红色的陶衣，被称作“上山红”，许多器物上还绘有乳白彩色纹饰，纹饰类似太阳纹和八卦。上山人的彩陶工艺极其精湛，可分为红彩和乳白彩两种。红彩主要为条带彩，装饰于盆、罐等的口沿或肩颈位置；乳白彩施于红色陶衣之上，主要见于壶、圈足盘和碗等器物上。其中乳白彩与红衣陶胎为两次过火，即“二次烧”工艺，在世界陶瓷史上绘下浓重一笔。

遗址中发现的一只彩陶双耳罐，器型完美，十分和谐，上有八卦纹饰，充分显示了当时的工艺水平。这说明这个时期的原始人类，已经具有了朴素的审美能力。

走出洞穴定居旷野，这里是远古中华第一村

稻米与陶器的出现，都说明了一个问题——人类已经具有

了定居的能力。

能够栽培水稻，保证了食物的基本来源，就不用完全靠天吃饭。以前需要经常出去打猎、捕鱼、采摘果子，种植水稻后，收获季节就可以把大米储存起来，不用逐水草而居。

实际上，在古代，中原农耕民族与游牧民族的区别也在这里。中原人更多的是定居，而草原上的民族则要逐水草而迁徙。

成熟的陶器烧制工艺，意味着有别于更早人类的茹毛饮血，开始使用锅具烹饪食物。陈列馆里的一只圆底陶罐的底部，有着明显的火烧痕迹，说明它是一种炊具。同时，储存粮食也有了相对固定的、可移动的器皿，而不用四处择地堆放。

有了稳定的食物来源，就意味着可以在一个地方定居下来，也意味着征服和利用大自然的能力提高了。上山先民开始走出洞穴，在旷野中定居下来，

而走出洞穴、迈向旷野，摆脱迁徙、实现定居，在人类发展历史上极具里程碑意义。

考古人员以金衢盆地为中心，陆续发现了超过21处村落聚居群。在这些遗址中发现了大量带柱洞结构的建筑遗迹和带沟槽基址的房址，这是最早的干栏式建筑和排房。此外还有半地穴式房屋和地面式房屋等。

村落周边还发现了灰坑、墓葬、器物埋葬坑等遗迹，排列

分布有序；村落中还有环壕，这相当于最原始的城墙，可以起到排水防洪和防止野兽攻击的作用，说明村落已经有了初步的规划和布局。环壕也是农业定居生活初步发展的重要见证，上山遗址中的环壕是目前东亚地区发现最早的环壕。

这就是长江中下游最早的村落，也是中国考古发现的最早村落遗迹之一。因此，著名考古学家严文明先生称其为“远古中华第一村”。

村落的出现，标志着一个新时代的开始。在这个时代，人类不再整日只为温饱，更复杂的社会分工和精神世界随之产生。

基地小名片

上山遗址位于浙江省钱塘江支流浦阳江上游的浦江县黄宅镇境内，是长江中下游地区早期的新石器时代遗址，是世界稻作文化的最早样本，也是人类从穴居走向旷野定居的万年实证。

浙江自然博物院

观地球亿万年演化历史，看浙江大地自然神奇

郭闻

这里藏着46亿年来地球历史发展和生命演化的奥秘；这里藏着改写了世界地质史的地质发现……你可以在这里体验创世纪火山爆发的惊魂一刻，也可以体验人猿从树上下来的那一时……这就是亚洲最大的自然博物馆——浙江自然博物院的神奇魅力。

收藏门类众多，在世界上享有盛誉

浙江自然博物院拥有独特的“一院两馆”格局，杭州馆和安吉馆两座相距80余千米的分馆遥相呼应，在展示“人类与自然”的主题上，引领公众从馆舍天地“迈向”大千世界。

地处杭州市中心、2009年建成开放的浙江自然博物院杭州馆，由地球生命故事、丰富奇异的生物世界、绿色浙江等五大展区组成，以

地球及生命诞生与发展为主线，复原了从宇宙大爆炸至人类登上生命舞台的诸多场景。不同于杭州馆的通识性展览，“长在山坡上”的安吉馆保持了地块的真山真水原生态，总建筑面积6.1万平方米，是目前亚洲单体建筑最大的自然博物馆之一，它以生态馆、地质馆、恐龙馆、海洋馆、贝林馆等专题展为特色，在广度上与杭州馆形成互补。

作为中国人自己创办的历史最悠久的博物馆之一，浙江自然博物院的藏品涵盖古生物、矿物、岩石、植物和动物等多个方面，总量达28万件。其中的一些门类收藏，在世界上享有盛誉。比如，淡水贝类和陆生贝类标本占该门类世界物种的40%以上，世界排名第三；鸟声收藏世界领先；收藏蛋化石10000枚以上，居世界前列。在这里，参观者能看到世界上唯一的腹腔含蛋的翼龙骨架、腹腔内外各含一枚蛋的窃蛋龙骨架化石，还能看到恐龙骨骼与乌龟蛋、恐龙蛋与蜥蜴保存在一起的标本，两窝蛋重叠保存在一起的标本等许多世界上稀有的蛋化石标本。

在杭州馆绿色浙江展厅，一具栩栩如生的野生华南虎标本引人注目。1952年12月，浙江丽水郊区，这只身长近3米、体重达150公斤的老虎害人伤畜。经过几天的围追堵截，猛虎最终被一位老猎户用土枪击毙。老虎被打死后，当地山民用绳索、竹杠将其抬到杭州。为使这件珍贵的实物得以长期保存，专业人员连夜动手将其制作成标本。

这很可能是浙江最后一只野生华南虎。因此这件藏品也成了博物院的“镇馆之宝”。

这里是亚洲最大的自然博物馆

“国际视野、中国特色、浙江元素”是自然博物院的建馆理念，在这里不仅能看到浙江本土的重要展品，还可以看到全国乃至世界上数一数二、独一无二的宝贝。

浙江是中国东南部恐龙种类最丰富的省份，已有16个县市发现恐龙化石，命名了7种恐龙和1种中生代鸟类化石，全部为浙江独有，分别为浙江吉兰泰龙、礼贤江山龙、丽水浙江龙、中国东阳龙、天台越龙、杨岩东阳盾龙、中国缙云甲龙和长尾雁荡鸟。近年来，在义乌还发现了恐爪龙类以及巨型蜥脚类恐龙的足迹等。

因此，浙江自然博物院的恐龙馆极具特色。安吉馆展示了全球最具代表性的恐龙及其生活场景，其中有一只生活在晚白垩世的鸭嘴龙类，这是浙江首次引进的北美鸭嘴龙类骨架化石；杭州馆更是全面地展示了浙江的恐龙，复原展示了天台越龙、丽水浙江龙、中国缙云甲龙等恐龙。

在缙云发现的甲龙，不仅是在浙江发现数量最多、保存最好的恐龙化石，也是已知时代最早的具有尾锤的甲龙类。2013年，缙云甲龙化石由浙江自然博物院、缙云博物馆和日本福井县立恐龙博物馆联合抢救挖掘所得。最初研究的化石材料包括两个个体，其中一个保存了完整的头骨化石、尾锤碎片、脊椎和肢骨等，另一个个体保存了部分后肢和完整的尾锤。这个尾锤，也是缙云甲龙最具代表性的特征。缙云甲龙的发现，说明白垩纪的浙江生活着多种甲龙类恐龙。

与甲龙类恐龙对比，天台越龙显得颇为小巧灵活，它属于鸟臀目的鸟脚类恐龙中的基干种类，这是小型鸟脚类恐龙在中国东南部的首次发现。小型鸟脚类恐龙使用双足行走，后肢修长，善于奔跑。最近还有一些研究认为，部分基干鸟脚类恐龙或许可以钻洞，生活在地下。

杭州馆还展示了江山龙的复原骨架模型，这是在浙江发现的最大的恐龙。

基地小名片

浙江自然博物院是国内为数不多的省级自然历史博物馆，也是中国人自己创办的历史最悠久的博物馆之一，还是目前亚洲最大的自然博物馆。浙江自然博物院自创立起便开设了各种形式的科普、研学活动，于2013年被评选为全国科普教育基地，从2014年起承办环球自然日·青少年自然科学知识挑战赛浙江赛区比赛，2017年被评为全国最具创新力博物馆。这种创新力在于不断地创新“博物馆+”思维模式，提升科普教育影响力。科普教育功能已成为浙江自然博物院的一大特色和亮点，馆内的收藏、研究、展览都可以说是为了科普教育服务的。

从独木舟、木板船到战船，见证中国驶向蓝海

邱伊娜

从宁波站下车，向东行进60余千米，穿过九峰山和太白山之间的绿意盎然，清凉略带咸湿的海风扑面而来。宁波北仑区海边，两个海螺样的建筑拼成一座博物馆——中国港口博物馆。

港口，是往来船只停靠的站点。在中国港口博物馆，“古船的秘密”科普课程最受欢迎，课程开设一年多，已有千余名青少年参与学习。

25千米开外，宁波港停泊着来自世界各地的现代轮船，而在中国港口博物馆，古船跨越千年时光诉说着历史，引人一探究竟。

一个模型一只缶，描绘先秦古船模样

新石器时代，先民临水而居，他们会挖空巨大的木头，作舟以渔。

走进中国港口博物馆的常设展厅，能看见一处原始港点复原场景，旁边陈列着一件河姆渡文化早期的小小独木舟模型，尖头方尾，木纹清晰，距今约7000年。这可能是先民们挖木成舟的参照，也可能是孩童的小玩具。

在水网密布的南方土地上，舟是常用的交通工具。随着时间不断推移，整木挖成的独木舟演变成有纵横结构的木板船。

透过馆内放置的放大镜，可以在出土的商代甲骨上看到“舟”的古文字样，两头纵向笔画勾勒出木舟弧度，中间有三横，代表着木板船的肋骨与舱壁。这些横向结构既能支撑两边的纵向板材，加固舟体，又能将舟体隔成若干舱位。这样的舟船结构，沿用至现代。

进入春秋战国后，船的样式变得更多种多样，追求速度有飘逸的轻舟、扁舟，用于短途交通的有舲船，国君出行则乘坐装饰豪华的艅艎。

古人竞相航渡的场景，记者在一件战国时期的船纹青铜缶上见到了。

缶上有四组船纹，每艘船船身修长，两头高翘，头尾做成神鸟模样，船身纵横纹路交错，既规整又奇幻。每艘船上各有5人左右，头戴高高的羽毛饰物，手上或拿着兵器，或拿着旌旗，每个人都手舞足蹈，

十分亢奋。

缶是古代盛水或酒的器皿，基本在祭祀时使用。先秦时期，南方沿海分布着古越族人，而古越族人崇拜鸟神，由此推断，缶上的船纹可能表现了一场海战后凯旋的场景，或是战争胜利后祭祀神灵的场景。

从独木舟到木板船，再到战船，船越做越大，分工越来越明确，航行距离也越来越远。

一种船舱一尊俑，探寻唐宋造船奥秘

让大船浮于水，是门技术。

唐宋是中国古代海上交通最繁盛的时期，此时的造船与航海技术突飞猛进。

1987年，广东阳江海域发现一艘宋代沉船——“南海一号”。这是一艘载满宝物的货船，当时它正打算从中国驶出，沿着海上丝绸之路进行沿海贸易。

“南海一号”的建造有多精巧？其船头小，船底呈“V”形，便于破浪前进。身扁宽，体高大，吃水深，受到横向狂风袭击仍然能保持稳定。底板和侧板分别采用两重或三重大板结构，船上多桅多帆，便于利用多面风。

在中国港口博物馆，记者也见到了一艘南宋海船。

2003年，在宁波和义路滨江建设工程抢救性考古发掘中，发现了一艘南宋时期的尖底海船，经过研究考证，该船是航行于内港和近海的小型交通运输船。

发现古船后的三年，专家们对其进行了脱盐、脱水、加固、定型、安装等多道复原工序，再次展现其原貌，复原长度13米，宽度2.8米，高度1.95米。

最值得一说的，是船上的水密隔舱。和唐宋时期的许多船一样，这艘南宋古船的船舱被9道船舱壁分割成一个个小舱，各舱之间有流水孔相通，舱板壁底部有抱梁肋骨加固。一旦进水，受影响的只有其中一间舱室，其余舱室仍然可以保持干燥以提供浮力。

除了水密隔舱，善于科技发明的宋人还发明了安装在船侧和船底交界的舭龙骨，它能够减弱船舶在波浪中航行时产生的摇摆现象。此项技术在中国的出现应用，比西方早约700年。

展馆内，有个瘦瘦长长的南宋陶俑很特别，因为陶俑手上拿着一个罗盘。罗盘的诞生国度及时间在学术界一直存在争议，有人认为它是欧洲人发明的，直到16世纪初由日本传入我国。此陶俑证明早在宋代，我国就已使用罗盘确定方位。

一条沉船一舱货，浮现清代贸易航路

考古和博物馆如同车之两辙，一个发现、一个展示，在“水下考古在中国”专题陈列厅，隐藏着一艘清代沉船“小白礁

Ⅰ号”的故事。

2008年10月，在第三次全国文物普查水下文化遗产专项调查中，考古队员惊喜地在北渔山岛海域小白礁旁的海底发现了一艘古代沉船，自此这艘沉船有了自己的名字——“小白礁Ⅰ号”。

这艘木质商贸运输船下沉于清代道光年间，埋藏在水下约24米，是浙东海域通过水下考古手段发现的第一艘具有较高文物价值的古沉船。

“小白礁Ⅰ号”吸引了来自全国各地的三四十名专业考古队员，他们汇聚到宁波象山，进行超860人次、超过35000分钟的下水作业。2014年，“小白礁Ⅰ号”被逐块拆卸，提取出水。

展厅内，护栏内的“小白礁Ⅰ号”周围闪烁着蓝色浮动的灯光，似仍在海底般静谧，上方悬挂着潜水队员的模型模拟考古现场。

船上整齐地排列着许多石板材，这是宁波鄞州地区一种特有石材，名叫小溪石。300余块石板材总重约20吨，被摆放在船舱最底部，应该是最先装载的货物，由此推测“小白礁Ⅰ号”的始发地应该是宁波。

船内及周边出水文物1064件，有品相精美的景德镇青花瓷，还有我国清代铜钱、日本宽永通宝、越南景兴通宝、西班牙银币等多国货币。

据学者研究，清代与宁波对外贸易关系十分密切的是日本，船上货物的样式风格也更符合日本民间的使用习惯，船上的小溪石在日本也有发现，因此认为这艘商船的目的地可能是日本。

“小白礁Ⅰ号”被发现时，船体断面参差不齐，紧贴岩石。据载，清代时这片海域暗流密布，气候多变，海盗活动也十分猖獗，行船事故频发，它很可能就是在这些原因之下不幸触礁，沉入海底。

以“小白礁Ⅰ号”为例的史料和文物，见证了宁波海上丝绸之路的繁华。站在博物馆的楼顶，能望到开阔的海面，漫漫海路上，一艘艘船如珠玉般串联起来，一个个港口得以随之生长发展。

基地小名片

中国港口博物馆位于宁波市北仑区，是国家一级博物馆和国家AAAA级旅游景区，以船为线索挖掘港口历史、传承港口文化、传播海洋文明。曾先后获得“全国科普教育基地”“国家交通运输科普基地”“浙江省爱国主义教育基地”“浙江省中小学生研学实践教育基地营地”等荣誉称号。

拱宸桥旁，它诉说着两千年中华民族的传奇

金丹丹　杨帆

长城是凝固的历史，大运河是流动的文化。

在中国的版图上，它们如一撇一捺，写成一个“人”字。大运河这一笔矫若惊龙，贯通黄河、长江等五大水系，串联起七大古都，连接陆上与海上丝绸之路，堪称中华文明的又一条“母亲河”。

2014年6月，包括隋唐大运河、京杭大运河和浙东运河的中国大运河成功入选《世界遗产名录》，大运河作为宝贵文化遗产和中华优秀传统文化“活化”之河的新时代正式开启。

京杭大运河，北起北京，南至杭州，全长约1794千米，自开凿至今，经历了2500余年的历史。在杭州市城北，大运河南端终点标志的拱宸桥旁，中国京杭大运河博物馆静静地诉说着两千多年中华民族的传奇。

浙江省第一盏电灯，在拱宸桥亮起

拱宸桥，是京杭大运河最南端的标志，始建于1631年，是

杭州城区最大的一座石拱桥，也是杭州城市发展史的重要物证。

拱宸桥因何而生？

最大的可能是满足运河两岸百姓往来通行之需。

明初，大关桥以北的流域是舟船待通关的暂泊之所，遇到汛期水涨，不能通关，停留的时间就更长。船上人员的生活物资，都得靠岸上源源不断的供给。慢慢地，两岸的住户多了起来，在运河东西陆地间，需要新造一座桥梁，便于商贸和民生交通。

当时，拱宸桥一带的商铺生意非常火爆，顾客不仅有中国人，还有外国人。客栈的装修风格也很时髦，当时某间客栈的“广告”就表示，有英国铁床、西式桌椅、红木家具等。客栈还提供包车服务，可供选择的交通工具不仅有二四大轿，还有西洋电铃包车，并提供“代催轿舟车马报关纳税”服务。

浙江省第一盏电灯，就是在拱宸桥西亮起来的。1896年8月15日，在拱宸桥西的如意里，杭州士绅丁丙与湖州南浔富商庞元济合资建立世经缫丝厂。这缫丝厂就是浙江省最早应用电力的场所，丁丙引进了当时最为先进的直流发电设备。

19世纪末，丁丙与庞元济在杭州运河畔最重要的两个地方——拱宸桥西、塘栖播下了近代民族工业的种子，影响深远。

他们在拱宸桥西创办的世经缫丝厂、通益公纱厂，为浙江近代民族工业的发展点燃了第一把星火。

中华人民共和国成立后，拱宸桥周边崛起了一座座工厂：浙江麻纺厂、杭丝联、杭汽发、大河造船厂、华丰造纸厂、长征化工厂、杭州钢铁厂等，谱写了热火朝天的“大厂时代”。

运输粮食的漕运船，全部是高级定制

唐代韩愈曾说：“当今赋出于天下，江南居十九。”当时唐朝的收入，十之有九出在江南地区。在京师的王公贵族、文武百官、市井百姓，大多依赖南方运来的粮食。

其实，封建王朝“征税”，征收的就是粮食，把盛产粮食的江淮流域征收的粮食调运到京城，成为一项重要的政治措施，为历代封建统治者所重视。

大运河开凿后，大大有利于漕粮的运输。把南方的粮食运输到北方，就是“漕运”。漕运用的船，叫漕船；漕运载运的粮、米，叫漕粮、漕米；驾驶漕船的军队和民工，叫漕军、漕丁和漕夫。从事漕运工作的漕丁、漕夫，有时多达十余万人。

明清时期，漕运的发展到了鼎盛，京杭大运河的漕运线也一度成为当时朝廷的生命线。

明朝的漕船，一开始为八九千艘至一万艘，到明末时，增加到一万二千余艘，每艘船载量二三百石不等，年运输粮食四百万石左右。

负责运输粮食的漕运船，全是“高级定制”，舱内防潮，价格不菲。

在明朝，内河运粮多用浅船。山东梁山县贾庄的水洼里曾挖掘出一艘明朝运粮浅船，是明洪武五年制成的，船身用楠木打造，长五丈一尺，宽一丈，高约五尺，全船共有十三个舱。

到清朝，海上运粮多用平底沙船或浙江蛋船、三不像船，大的可载粮二三千石，造价需白银一万多两。内河运粮仍多用浅水木船。

为鼓励漕运，明嘉靖年间明令规定，每条漕船准许携带货物二成，在沿途自由贩卖，并允许漕船沿途招揽货源，代客运输酒、布、竹木等大宗货物，往来贸易。这样，大运河便成为当时南北交通的大动脉，沿河城市如德州、临清、东昌（今聊城）、济宁、淮安、扬州等，都成为当时全国有名的商业城市。

测漕粮专用“官斛”，依然无法避免作弊

中国京杭大运河博物馆里有一个清朝苏州府官斛，木制，口狭底阔，下安两根木杆用于抬动，斛面四角及中段镶有铁皮用以加固。

这个官斛，是古代一种计量粮食的专用工具。当时，官府

向纳户征收田粮、佃户向田主缴纳租米，都是用斛、斗、升来计量。一斛原为十斗，后改为五斗，约合70斤。

其实，以前的这些量具，各地大小不一，即使同一地区，地主放贷往往是小斗出大斗进，农民被大斛大斗盘剥，积怨很深。清朝初期就曾发生过多起反对“大斗剥佃”和“增租夺仙”的农民斗争。于是，清政府想了一招——官方定制“官斛”尺寸发到各地，清朝最早的“官斛”是康熙十二年制造的铁斛。

这个苏州府官斛身上，除了“苏州府”“官斛”的刻字，还刻有“奉院司道仰府较同”等字样。所谓“较同”，是指官方时不时对官斛进行校验，免得下面的人做手脚。按照现在的说法，就是技术质量监督部门要做检测，看看有没有误差。

即便有了定制官斛，且时不时校验，但仍防不胜防，“上有政策下有对策”，各地“捣鬼”的行为不在少数。

最常见的是“大脚踢斛”，斛头衙役穿上包头厚底纳帮靴，一斛稻米舀起来，上面尖尖的，两三脚一踢，稻米尖尖便塌陷下去。这叫“脚踢淋尖”，一斛能多收两三升。

还有的会在官斛上做手脚。官斛是木制的，斛头为了多收粮食，用刨子把斛帮、斛底削薄，或用铁棍将斛撑大。单验一斛，可能只多一两升，但漕船交纳粮米，每次“过斛”有几千上万次，积少成多，数目相当可观。由此可见，古代征收漕粮弊端之多。

基地小名片

中国京杭大运河博物馆是国内第一座以运河文化为主题的大型专题博物馆，坐落于杭州市城北运河文化广场，毗邻大运河南端终点标志——拱宸桥。

博物馆建筑呈扇形，环绕运河文化广场，造型独特，传统而不复古。中国京杭大运河博物馆既是一个运河文化的展示窗口，同时也是运河文化与运河史料的收藏中心与研究中心。

在昆虫的世界里，奇迹无处不在

林辰辰

从滩涂到海洋，从森林到沙漠，从家门口到远方的大陆，墙边怒放的野花是它们生命的游乐园，危机四伏的热带雨林是它们绝佳的栖息地……小巧灵活的身躯穿越古今，出现在地球的每一个角落。

它们就是昆虫，是地球上最庞大、古老的家族，也是地球上最多样化的物种。无人知道，地球上到底有多少只昆虫，但人类已知的昆虫种类多达100余万种，已超过其他生命种类数量的总和。走进宁波周尧昆虫博物馆，在这个属于昆虫的奇妙世界里，奇迹无处不在。

昆虫六只足，多一只少一只都不对

难以想象，浩瀚的昆虫宇宙里，种类有多千变万化。

令人“闻风丧胆”的蟑螂也会“唱情歌”？和家中的“小强”不同，在周尧昆虫博物馆可以听见“能说会道”的发声蟑螂“唱歌”，它们是世界上深受欢迎的宠物蟑螂。

看，这根枯枝会动！身体细长的竹节虫是名副其实的“伪装大师”，藏在枯枝上，以假乱真，只有轻微动弹时，才能看清它修长的身躯。

这只蝴蝶在“瞪”着我？猫头鹰环蝶的翅膀上，两只炯炯有神的大眼睛像极了猫头鹰，但究竟是它“抄袭”猫头鹰的脸，还是猫头鹰模仿它的翅膀？无人知晓。

身披彩色盔甲的澳大利亚彩虹锹甲，看上去就很“值钱”的罗氏黄金鬼锹，像老虎、像乌龟、像牛头的金龟子神气十足……甲虫墙前，600余只威风凛凛的甲虫是收藏家们的“心头爱”，它们分门别类，整齐亮相，宛如最朋克酷炫的“金属工艺品”。

但你可别认错昆虫家族的成员。蜘蛛是昆虫吗？蜈蚣是昆虫吗？蜗牛是昆虫吗？答案都是否定的。“体躯三段头胸腹，两对翅膀六只足，一对触角头上生，骨骼包在体外部。”这首儿歌基本概括了昆虫的特征。大家可以运用最直接的辨认方法仔细观察：昆虫六只足，多一只少一只都不对。

梁山伯和祝英台，化成了什么蝴蝶

跟着博物馆大量的留白设计和昆虫艺术品展示，观察昆虫的纹理，“美丽”这个形容词会不断在脑海中浮现。

光明女神闪蝶拥有金属般的蓝色光泽，在光的照射下，每一个角度都有不一样的绚丽色彩；栖满蓝闪蝶的枯树焕发出不同的生机；甲虫组成的八卦图呈现调色盘难以调出的色彩……大自然对昆虫的创造力远超我们的想象。

探索博物馆也可以成为寻宝游戏。“山上桃花红似火，一双蝴蝶又飞来。”我国传统民间故事梁山伯与祝英台最后化成了什么蝴蝶？雄性玉带凤蝶后翅有一串白色斑纹，像梁山伯佩戴的腰带；雌性玉带凤蝶则有红色斑纹，像优雅的祝英台；求偶时，两蝶翩跹缠绵飞舞。

在上千种蝴蝶标本中，谁是“镇馆之宝”？被誉为“蝶中皇后”的金斑喙凤蝶扇动着金色斑纹的翅膀，一生几乎不会落地，是唯一成为国家一级保护动物的蝴蝶。周尧昆虫博物馆经过多方寻觅，找到一只标本以供大家观赏。

比外表更美的，还有这些小生命的无穷智慧。周尧昆虫博物馆拥有目前国内唯一的切叶蚁生态装置。在这里，你可以观测到一整个切叶蚁群落的生存模式。

一个数量能达到百万级的切叶蚁群体拥有明确的分工。“收获蚁”从树木或其他植物上切下叶子；“运输工蚁”齐心协力将比它们自己大出几倍的叶子运回巢穴；“园丁蚁”将叶子嚼碎后用来培养真菌，真菌将不断积累，成为幼虫的食物。它们生存在一方小穴里，但却延续着比人类更早的农耕文明，运作着高度发展、拥有复杂分工的动物社会。

世界级的昆虫学家，打造了宁波“最火”博物馆

生物学家爱德华·威尔逊说过：“如果昆虫从地球上消失，生态系统将会崩溃。”在大自然中，每一个生命都值得尊重。逛遍周尧昆虫博物馆，昆虫学家、我国现代昆虫分类学奠基人周尧的科学家精神愈加值得敬佩。

出生在宁波鄞县（现为宁波鄞州区）的周尧是我国昆虫学史研究的拓荒者。改革开放初期，在世界上大部分昆虫由外国人命名的情况下，周尧立志要在昆虫史上写下中国人的名字。他创办了我国第一个昆虫博物馆，写了我国第一部昆虫学史著作，开创了农业昆虫学、昆虫形态学等学科体系，并创建了中国昆虫学会蝴蝶分会。在70多年的学术生涯中，周尧发现并记述了昆虫新种350多个，与同事们采集的昆虫标本就超过60万号。

2022年，在周尧诞辰110周年之时，周尧昆虫博物馆新馆正式落成并开放。馆内，七八十年前由周尧亲自制作的蝴蝶标本，依然闪耀

着光彩。如今，周尧昆虫博物馆作为亚洲最大的以人名命名的昆虫博物馆，因其独特的美学审美、丰富的昆虫藏品，成为宁波“最火”的博物馆，吸引着各个年龄层次的“昆虫迷”，几乎天天预约满额。

周尧先生曾说过：“我愿在我见到列祖列宗时，能够无愧地对他们说，我心中无时不想着祖国，我一生没有浪费我的时间。”希望越来越多人走进千姿百态的昆虫世界，通过代代传承的科学成果和现代的科技呈现，能感受大自然的奇妙，以科学家为榜样，热爱祖国，尊重生命。

基地小名片

周尧昆虫博物馆位于浙江宁波有着“城市绿肺”之称的鄞州公园内，入选第一批全国科普教育基地。馆内总建筑面积2760平方米，展厅面积1760平方米，以“昆虫学泰斗”“昆虫大世界”为两大展示主题，着力打造一个展示多样生物、探求科学新知的“自然高地”，兼具人物纪念及知识科普的双重价值。

长兴的这枚“金钉子”，“钉”出地球演化史

郭闻

湖州长兴埋着“金钉子”，它记录着漫长而沉甸甸的地球历史。

全世界级别最高的“金钉子”共有三颗，俗称“大金钉子”，分别是：划分新元古代和古生代的，在加拿大纽芬兰；划分古生代和中生代的，在中国长兴；划分中生代和新生代的，在突尼斯。

人们在长兴煤山发现了划分古生界和中生界的标准化石——“牙形石”化石，因此，长兴这颗“金钉子”既是二叠系与三叠系界线的标志，又是中生界与古生界之间的标志，被认为是地质历史上三个最大的断代“金钉子”之一。

为了这枚“金钉子”，国家建立了国家级自然保护区。

站在长兴地质遗迹国家级自然保护区门口，一块模拟的巨型沉积岩的顶端，放着一枚牙齿状的化石复制品。

为什么要把这样一枚造型奇特的化石放大复制后放在入口门楣上呢？实际上，正是这样一枚原形不超过7毫米的化石，奠定了二叠系—三叠系界线层型剖面“金钉子”的基础。

这枚化石的原形叫“牙形刺”，它是一种已灭绝的海生牙形动物头部的骨骼化石，体形很小，一般只有约1毫米，最大的也不过7毫米。

那为什么在长兴“金钉子”的认定中，它会成为关键的那个证据呢？我们先来了解一下什么叫“金钉子”。

“金钉子”的科学全名是“全球界线层型剖面和点位”，主要用于精确划分地球46亿年历史中形成的地层年代。

1869年5月10日，第一条横跨美洲大陆的铁路贯通。在两条铁路最后接合处，钉上了一颗用18K金制成的金铆钉。这条铁路对美国政治、经济、文化的影响极其深远。为了纪念这一事件，美国在1965年7月30日建立了“金钉子国家历史遗址”。后来，“金钉子”一词被借用到地质学中，形象地表达了它是“钉进”地球表面的一个有特殊含义的地理“点”。

如同记录时间的单位年、月、日一样，地球地层也有它自己的年表，依次分为宇、界、系、统、阶，这每一个分层，都可以用“金钉子”来确认。

地层的年代分为前古生界、古生界、中生界和新生界。每个界又分为多个系。在国际年代地层表上，每一个已经确立的年代分界点就会用一个“金钉子”的图案符号表示出来，代表这个年代的标准剖面已经在国际上确定了。

显然，“金钉子”不止一个。二叠系是古生界最末一个系，三叠系是中生界最早一个系。所以，长兴煤山的“金钉子”既是二叠系与三叠系界线的标志，又是中生界与古生界之间的标志，被认为是地质历史上三个最大的断代“金钉子”之一。

百年前的开山采矿，发现了大量海洋生物化石

不能小看“金钉子”，这是全世界各国都在抢夺的地质资源。在代表不同年代的不同地层钉上“金钉子”，标志着本国地层学的研究水平，所以历来是国际地质古生物学界竞争激烈的课题。

在这个过程中，长兴地层中牙形化石的发现及认定，就起到极其重要的作用。

认识地球的最好办法就是研究每一历史时期的生物化石。不同的化石成为划分不同地质年代的标志。科学家一直试图确定各个地质年代之间的分界线，但迄今为止，大约只有一半的年代有了自己的“金钉子”。

近百年来，地质学界一直沿用以耳菊石化石作为古生界末期（二叠系）和中生界早期（三叠系）的划分标志，但由于耳菊石分布的局限性，无法充分解释全球范围内的地质现象。比如南方巨兽龙生存于晚白垩世塞诺曼期的南美洲，在亚洲大陆却找不到，但这不能说亚洲大陆就不存在晚白垩世塞诺曼期恐

龙时代。相同道理，耳菊石并不能完全代表全球各地的地层。

20世纪20年代，由于长兴煤山地区开山采矿，煤山剖面有大量的海洋生物化石随着矿石出现，这一情况引起地质学家的关注。1923年，国际著名地质学家葛利普研究了煤山地区的腕足类化石，并命名这一动物群的地层为“长兴灰岩”。

1955年，科学家盛金章带着科考队员来到长兴煤山，以“长兴灰岩”研究中所建立的蜓（音 tíng，李四光命名的小昆虫）类化石带为基础进行解释，但并不被认可。

20世纪80年代，地质学家们再次对长兴煤山岩层进行取样分析，终于在大量样品中发现了微小欣德牙形石，它存在于寒武纪到三叠纪的海相地层中，延续了3.4亿年，是地层划分和对比的主导化石门类。

而后通过对煤山剖面的多学科深入研究，证明了煤山剖面优于其他候选剖面，能满足建立全球层型剖面的要求。2001年3月，国际地质科学联合会正式确定长兴煤山剖面为全球二叠系—三叠系界线层型剖面和点位，这枚重要的“金钉子”就此在这里“钉”下。

300多种化石，带我们了解地球演化规律

除了这枚“金钉子”，长兴还有一颗于2005年被认定的两阶间的“金钉子”，它“钉”入的是二叠系长兴阶—吴家坪阶。煤山剖面因此成为当时唯一确立两枚“金钉子”的剖面。

如今，长兴灰岩标准地质剖面已被国际地质界公认为全球二叠系末期最完整的标准地质剖面。其中蕴含的生物化石，完整地记录了2.5亿年前的生物大灭绝事件。

二叠系末期，约2.5亿年前，地球上发生了一次远比恐龙灭绝规模更大、影响更深远的生物灭绝事件，这次事件几乎导致整个地球生物圈毁灭，约有95%的生物没能逃过这场浩劫。

那时，长兴还是一片汪洋大海，生活着各种各样的生物，后来由于火山喷发或天体碰撞，生物迅速死亡。很多生物就此尘封，随着时间演进，变成了化石。

而煤山剖面地层，就拥有这段时期的十多个门类300多种化石，完整记录了当时的生物情况。通过对煤山剖面的研究，科学家发现二叠纪末期的这场生物大灭绝存在大量地球化学指标异常，指示全球环境快速恶化。这一次生物大灭绝成为古生代向中生代转折的里程碑，是了解生物演化的重要内容。

由此可以看出，长兴“金钉子”具有极其重要的科学研究和科普教育价值，也是研究生物灭绝这一自然变化的最佳野外实验室。进入长兴“金钉子”保护区，我们可以通过参观游览和进行各类科普活动，了解地球演化规律，同时也能了解未来地球面临的生存挑战。

基地小名片

长兴地质遗迹国家级自然保护区位于浙江省长兴县槐坎乡葆青山南麓，呈东西向不规则狭长条带状，主要保护对象为全球二叠系至三叠系界线层型剖面、长兴阶层型剖面及古生物化石。截至2014年，自然保护区内已发现华夏菊石动物群、蜓类动物群、牙形石动物群、鱼类等化石。

吸引文人墨客，记录地质演化，它是奇石写就的火山传奇

郭闻

在大部分人眼里，温州雁荡山是风景名胜区，是人文景观，但实际上，它最大的特点在于独特的地质环境。雁荡山是1.28亿～1.08亿年前环太平洋亚洲大陆边缘火山带中一座最具完整性、典型性的白垩纪流纹质破火山。它记录了火山爆发、塌陷、复活、隆起的完整地质演化过程，其产物几乎包括了流纹岩类的各种岩石，被称为流纹岩的天然博物馆。所以，这里设立了世界地质公园。

看懂雁荡山，也就看懂了浙江沿海地质构造，看懂了亿年前发生的地壳变动。

这是一座文化名山，见证山水诗派萌发

雁荡山是中国最美的地质公园之一。这种美，从古贯今，千百年来被无数文人墨客一再赞美，他们笔下的它或雄奇壮美，或秀丽多姿，沈括赞其“温州雁荡山，天下奇秀”，康有为赞

其“雄伟奇特，甲于全球”……以至于在中国的文学史上，雁荡山都占有一席之地，被称为中国山水诗派的起点。

雁荡山不仅是一座风景名山，也是一座文化名山。它开发得很早，始于晋，兴于唐，盛于宋。南朝山水诗人谢灵运游玩雁荡山时写下了《从斤竹涧越岭溪行》一诗，从此开启了雁荡山文学史的大门，也因此形成了从南北朝起长盛不衰的山水诗派。

宋代是雁荡山历史上最鼎盛的时期，名人纷至沓来，吕夷简、王十朋、“永嘉四灵”等都写下了很多脍炙人口的诗篇。清以后直到近现代，如黄宗羲、袁枚、方苞、阮元、魏源、郁达夫、赵朴初、王朝闻等，都曾为雁荡山写文。

因为美，历代文人为雁荡山折腰，先后留下了诗文5000多首（篇）和摩崖石刻370多处。

书画家们喜欢去雁荡山写生，吴昌硕、黄宾虹、潘天寿、张大千、李可染、陆俨少等都留下了大量的相关书画作品，其中有些已成为国宝级作品。

所以游览雁荡山，大家会被山间那密布的摩崖石刻所震撼，它们所记录的，是历史长河，是世间百态，也是沧海桑田。

这是一处科普名胜，深受沈括和徐霞客追捧

细观历代文人关于雁荡山的作品，基本上分成两类：一类描写山水美景，借以抒怀咏志，比如谢灵运、陆游、王羲之等；一类在描写山水的基础上，详细讲述了雁荡山的地形地貌，完全可以当作科普文来看，其中的科学原理放到现在，也仍然值得引用、借鉴，毫不过时。这在古代是十分难得的。

其中最有名的就是沈括收在《梦溪笔谈》里的《雁荡山》，以及徐霞客的《游雁宕山日记》等。这两篇文章都入选过语文课本。

沈括算得上是中国古代最著名的科普作家，他的《梦溪笔谈》可以说是南宋科技的全记录，其中的许多科学问题及见解，都是沈括亲自证实过的。

沈括提出了流水侵蚀学说。他说："……至谷中则森然干霄。原其理，当是为谷中大水冲激，沙土尽去，唯巨石岿然挺立耳。如大小龙湫、水帘、初月谷之类，皆是水凿之穴。"这揭示了水流侵蚀而改变山壑的力量。

这比西方国家提出这一理论要早700多年，是中外历史资料中对流水侵蚀改造地表形态的最早记录。

事实也是如此，雁荡山层峦叠嶂的特点十分明显。而这个"嶂"，正是熔岩台地被流水等外引力逐渐

切割破坏，在台地边缘保留下来的如屏风一样的岩石地貌景观。雁荡山的嶂，以朝阳嶂最为壮观，高差超过百米，延伸达一千米有余。

雁荡山十几处被称为“门”的景点中，以显胜门最为险峻。显胜门两崖高耸两百米，而间距仅数米。

徐霞客三次到雁荡山，写了两篇游记，可见雁荡山在他心中的重要性。几番上雁荡山，徐霞客都是为了考证雁湖到底在哪。

雁荡山有一个雁湖，雁荡山由此得名。但是雁湖到底在哪，大家都说不清，只能猜测应该在山顶，在大龙湫瀑布上方。徐霞客决定搞清这个问题，于是先后花了近20年，两度前往雁荡山，终于找到雁湖。他发现雁湖并不是以往书中记载的一个大湖，而是由不止六个不相连的小洼地构成。徐霞客充分展示了一个地质学家严谨的学术态度。

数百年后，时变境迁，如今雁湖已淤积干涸，仅残留数处浅水塘。

这是一座破火山，成为世界级地质公园

构成雁荡山中这些千奇百态独特造型山势的岩石，正是火山喷发后的产物——酸性的流纹质火山岩。雁荡山就是这样一座典型的白垩纪破火山。

什么是“破火山”？就是火山喷发后，地底岩浆房空虚，位

于地表的火山失去支撑，整体向下塌陷，这样形成的火山在地质学中称为破火山。雁荡山因地质结构、演化和保存的完整性与系统性而成为全球白垩纪破火山的典型代表。

其中的方山景区，地质地貌既包含了雁荡山火山岩地貌的基本类型，又具有典型的火山台地地貌。

雁荡山古火山来源于板块运动。中生代时期，太平洋板块向亚洲大陆板块俯冲过程中，挤压摩擦产生热能，使上地壳和下地壳部分熔融形成岩浆。当有断裂通往地表时，岩浆就沿着这一通道上升到地表，火山就喷发了。在经历了火山爆发、塌陷、复活、隆起的过程后，岩浆覆盖在原始地貌上，岩浆中的流纹岩成为雁荡山的主要地质。

这种火山岩坚实耐用，是上好的建筑材料，所以千百年下来，雁荡山中因采石而形成了一片变化无穷的“长屿硐天”，它是世界上现存的规模最大的采石场之一，同时保存了自隋朝到现代采石活动遗迹的采石场，是历史文化和地质资源价值的集中体现。

正是因为雁荡山是一座具备全球代表性的破火山，有着类型齐全、造型精致的流纹质火山岩地貌，以及独具特色的峰、柱、墩、洞、壁等奇岩怪石。2005年，雁荡山获得联合国教科文组织青睐，被作为一项全人类共享的珍贵遗产，成为世界地质公园。它是迄今为止第一个以中生代火山地质地貌景观为主题的地质公园。

要真正、全面地了解雁荡山，最好的场所就是雁荡山博物馆。它位于雁荡山脚下，是一座综合性地质博物馆，是了解雁荡山世界地质公园的重要窗口。

馆里设置了影视厅、序厅、地质遗迹厅、火山演示厅、文化厅、世界火山厅、生态厅和地质公园建设发展厅等8个展厅，还同时开设有青少年科普活动和特色研学课程。

基地小名片

雁荡山博物馆坐落于风景秀丽的雁荡山景区，是2021—2025年度第一批全国科普教育基地。博物馆分为8个展厅和3个展廊，还有VR技术、岩石小课堂、科普抢答、智慧拼图、火山喷溢演示、火山主题世界公园动态展示、破火山深化进程等展教设备和活动。

历经400年风雨冲刷，廊桥已不仅仅是“桥”

王湛　吴宗玲　夏钰琪

中国的廊桥，不仅历史悠久且技艺高超，特别是木拱廊桥，在世界桥梁史上占有重要的地位。丽水市庆元县是我国现存廊桥数量最多的县，被誉为“中国廊桥之乡”。

在庆元，人与桥从未分开。溪流在这里且行且栖，围绕廊桥，岸边围起了住宅、街道，渐成聚落。

廊桥从来不只是桥。它还是历史文化前行的承载和象征。在与大自然的周旋中艰难过活的人们，一见到历经冲刷的桥，便笃定起来。

丽水市庆元县，有中国第一家廊桥专题博物馆。

博物馆是在2011年12月2日建成开馆的，整个场馆采用了“桥馆合一”的建筑外形，以廊桥外观诠释廊桥文化，并提炼风雨板、几何窗、藻井等廊桥元素，与古典建筑风格协调统一。

月山村的如龙桥，木拱家族中最早的“国保”*

月山村位于庆元县城东南57千米，因为月山村后山竹林形

* 即全国重点文物保护单位。

如半个月亮，村前溪水环抱形成半个月亮，村庄坐落其间，如同山环水抱的一轮圆月，故名月山。古诗“半月烟居半月山，松篁荫翳抱东环”就是先人对这一出处的具体描述。

古老的月山村有十座古廊桥，现存如龙桥、来凤桥、白云桥、步蟾桥，在《吴氏宗谱》月山全貌图中，还有一座桂香桥。每座廊桥之间都相距二三十米，因此有“二里十桥”的美称。这样密集分布的桥梁，建造者的初衷不单纯为了便于交通，而是作为景观桥设计建造的，美丽的廊桥与周围的景观构成一幅美丽的画卷，就像桃源佳境一般。

“二里十桥”中包括全国重点文物保护单位如龙桥。庆元县廊桥博物馆讲解员全开慧说，如龙桥是我国现存寿命最长的木拱廊桥。它不仅结构和造型非常美，周围的景色也让人赞叹，所以古代文人墨客曾写下诗句赞美如龙桥，将它形容成人间彩虹一般。

廊桥博物馆里，展示的是“国保”如龙桥的桥模。因其与后山脊的古松林相连，桥似龙首下倾，状如飞奔之龙，故取名为如龙桥。它东北端建有钟楼，因为古人有晨钟暮鼓的风俗仪式，在明代这种有钟楼的建筑是很稀有的，所以显得尤为珍贵。桥中间的部分叫作当心间，里面设供奉大禹的神龛，顶部设有藻井，如意斗拱层层叠加，像一朵朵盛开的莲花。

如龙桥修建于明天启五年（1625），距今约有400年，是木拱家族中最早的“国保”。

庆元被誉为“廊桥天然博物馆”

庆元廊桥的历史沿革具有很强的连贯性，宋、元、明、清各个时期的木拱廊桥一应俱全。

唐宋是廊桥的萌芽时期，这一时期廊桥的特点是在八字撑梁桥和伸臂叠梁桥的基础上发展为木拱廊桥。最具有代表性的是庆元双门桥，这是目前全国有史料记载的时间最早的木拱廊桥之一。

元代是廊桥的成熟阶段，在细腻的风格基础上引进北方粗犷的元素，具有去华从简、厚重自然的特色。

明代是廊桥的鼎盛阶段，这一时期木拱廊桥的主要特点是从小跨径向大跨径发展。具有代表性的有位于庆元县五大堡乡的兰溪桥，是全国现存单孔跨度最大的明代木拱桥。

清代则是廊桥的转型阶段，由木拱向石拱转型。

庆元是全国现存廊桥数量最多的县，主要有木拱、石拱和平梁三种廊桥结构。庆元多崇山峻岭，古时候人们发挥聪明才智，在保持绿水青山的同时，因地制宜建造了各种各样的桥梁。因此，庆元也被誉为“廊桥天然博物馆”。

桥址的位置一般都会选在乡村溪流的下游，俗称“水尾”，所以庆元的很多廊桥也叫水尾桥。古时候人们认为水代表财运和好运，老百姓希望能将好运和人才留在本村，因此要在下游给截住，这样好运和人才就流不走了。

选好桥址，便开始砌桥台，坚固的桥台是整座廊桥的基础。桥台要求基础扎实，多采用卵石、块石、条石砌筑。古代缺乏先进仪器，造桥师傅把竹子劈成两半，打通竹节，放平后灌上水，所谓“人往高处走，水往低处流”，以此就可以判断两边桥台的高低了。

廊桥上的桥市，是生动的市井生活

逢山开路，遇水搭桥，廊桥不仅发挥着通行的作用，而且承载着人们对美好生活的向往与追求。

中国有“晨钟暮鼓”的风俗仪式，所以有些廊桥上也会有钟楼，比如如龙桥，这是非常稀少与珍贵的。

廊桥既有比较宽敞的场地，又有廊屋遮风挡雨，还有桥上固定的长凳，是古时候最理想的文化娱乐场所，比如春节舞灯、元宵灯会等都在廊桥上举行，很是热闹。

除此之外，还有桥市。当地的老百姓还会在廊桥上进行一些交易买卖活动，廊桥可以说是集多功能于一体。

廊桥上遍布几何窗。几何窗是廊桥风雨板上的窗户，不仅可以通风透气，而且人们也赋予了它不同的寓意。窗户的类型非常多，苹果型代表平平安安，扇型代表风调雨顺，还有葫芦型、桃子型、梨型等，几何窗不仅起到装饰的作用，还起到了一步一景的效果。

从几何窗望出去，青山绿水蓝天白云，成为一幅美丽的画面。

基地小名片

庆元县廊桥博物馆成立于2011年，2020年11月6日与庆元县香菇博物馆合并为庆元县博物馆，现发展为集文化展示、科普宣传、服务、研究、收藏、交流于一体的“一体两馆”的格局，是第七批浙江省科普教育基地。

“漂在水上”的水晶宝塔，讲述中国数千年的水利成就

王湛　张瑜

在杭州，沿着钱塘江二桥一直往萧山方向走，抬头望去，像是有一座水晶宝塔“漂”在钱塘江上，蔚为壮观。这座建在钱塘江围垦区、“塔馆合一”的场馆，就是中国水利博物馆。

长达5000年的中华文明史，一定意义上来说，也是一部治水史。中国人不仅在与水患斗争中发展起绵延久长的中华文明，

而且在水的滋润下发展出了丰富多彩的水文化。让我们一起走进中国水利博物馆，走进这座承载着数千年厚重而辉煌水利历史的水晶宝塔。

宋时物候以黄河水的涨落来命名

文明起源与发展都得益于水的哺育滋养。

在中国水利博物馆里，有一幅中国早期文化遗址分布示意图。中国早期文化遗址主要集中在黄河流域和长江流域，北方主要有仰韶文化、龙山文化、红山文化等，南方主要有河姆渡文化、良渚文化、大溪文化等。

长江中游的玉蟾岩遗址出土了世界上最早的栽培稻标本，距今1.4万～1.8万年；长江下游的跨湖桥文化遗址发现了目前世界上年代最早的独木舟，距今7000～8000年；黄河中游距今5000～7000年的仰韶文化，人面鱼纹彩陶盆是其代表性器物；在长江下游的良渚文化遗址发现的良渚古城外围水利系统，是迄今所知中国最早的大型水利工程，也是世界上最早的拦洪水坝系统，距今约有5000年历史。

这些早期文化遗址遗存不仅可以证明中国是世界上最早

栽培稻和粟的国家，也证实黄河、长江流域是哺育华夏民族的摇篮。

宋代，生物的周期性现象如动物的冬眠和植物的萌芽、开花、结果等与气候变化之间的关系，多以黄河水的涨落来命名。《宋史·河渠志》中就有记载，麦黄水指农历四五月间麦熟时节黄河涨水。中国的“二十四节气”已被列入世界非物质文化遗产名录。中国水利博物馆里，有张图表展示的就是古人总结出的二十四节气动植物变化的规律。

博物馆里的石墙和石鱼，则是仿制重庆白鹤梁水文石刻，它是全世界唯一的一处以刻石鱼为“水标”，并观测记录水文的古代水文站，被誉为“世界第一古代水文站”。白鹤梁位于长江三峡库区上游涪陵城北的长江中，是一块长约1600米、宽16米的天然巨型石梁。梁上的18尾石鱼雕刻，记载了自唐广德元年（763）至20世纪60年代1200余年来长江72个枯水年份的水文情况，系统反映了长江上游枯水年代水位演化情况，为研究长江水文、区域及全球气候变化的历史规律提供了重要的实物佐证。

水井是古代城镇居民生活圈的中心

浙江宁波鄞江镇的它（tuō）山堰是典型的中国古代御咸蓄淡引水灌溉工程，唐代大和七年（833），由鄮县（今浙江宁波鄞州区）县令王元暐创建。堰顶长42丈，用80块条石板砌筑而成，坝体中空，以大木梁为支架，可以下挡咸潮，上蓄溪水。它山堰是我国建坝史首次出现的以大石块叠砌而成的拦河滚水坝，千余年来历经洪水冲击仍基本完好，仍然发挥阻咸、蓄淡、引水、泄洪作用。

钱塘六井是引西湖水入城使用的引水工程。展厅墙体上展示了李泌所修六井的示意图和苏轼所书的《钱塘六井记》。《钱塘六井记》记述了钱塘六井的由来、分布、变迁等情况，提醒后人不要忽视水的重要。

古代有“因井为市”的说法，“市井”即指古代城邑中集中买卖货物的场所。水井也因此成为古代城镇居民生活圈的中心。

在江南水乡，发达的水网使得户户“出门见水”，博物馆里有个场景仿照了古时候南方乡村生活，清澈的水渠环绕着村庄，一座座小桥连接着河道两岸，一条条小船来往穿行，农妇们在埠头淘米、洗衣、打水，纵横的水网不仅为村民们提供生活用水，还是天然消防水源。

中国大运河始建于公元前486

年，包括隋唐大运河、京杭大运河和浙东大运河三部分，贯通北京、天津、河北、山东、河南、安徽、江苏、浙江8省市，连接海河、黄河、淮河、长江、钱塘江五大水系，是中国古代南北交通的大动脉，至今已有2500余年的历史。中国大运河与长城、坎儿井并称为中国古代三大工程，是中华民族精神的象征。

中国是世界上最早发明船闸的国家，也是最早建造多级船闸的国家。为保障航运，历代对船闸、水柜、堰坝等工程措施进行长期探索，留下了宝贵的遗产。博物馆里分别展示了堰埭、复式船闸、梯级船闸、澳闸以及运河水源工程。

古代中国发明了大量水利机具

中国水利博物馆里，展示了很多古代发明的水利机具，它们是利用水能为动力的古代提水或加工机械，按照用途分为提水器具和水能机械两大类。

提水器具主要以桔槔（jié gāo）和辘轳为代表。

桔槔又称“吊杆”“称杆”，它在横杆的一端绑上或悬上一块重石头，另一端拴系汲器。当要汲水时，人用力将汲器一端往下压，另一端的重物则上升。当汲器汲满后，利用杠杆原理，借助重物的重量将汲器提升。

为了满足深井灌溉的需要，人们利用轮轴原理发明了辘轳。辘轳的垂直提升方式，使人们可以高效地汲取深层地下水，不断扩大生产生活区域。

随着大田灌溉需水量的增加，能够循环往复、持续提水的水车开始出现。翻车，又名龙骨水车，有人力、畜力、风力等多种形式。如牛转翻车、坐式龙骨车、八帆风力龙骨水车、单人拔式龙骨车等。最早的翻车由东汉末年马钧发明，当时采用手拉式。“龙骨”一名，最早文字记载见于陆游《春晚即事》中“龙骨车鸣水入塘，雨来犹可望丰穰”的诗句。

在利用机械提水灌溉的同时，古人也注意到了水中所蕴含的能量，并据此创造出水碓、水磨、水转纺车等机械工具，将水能转化为机械能，用于农业、手工业生产。

博物馆里最大的一台模型，是一组综合性谷物加工机械，叫作屯溪磨坊，出现于明代，因在皖南屯溪地区应用而得名。磨坊中间竖有立式水轮，水流冲击水轮产生动力，水轮中轴延长，中轴转动时推动水砻、水磨、水碓同时工作，完成稻谷脱粒并将之磨成浆、舂成粉，成功地实现了多种作业的同时进行。

基地小名片

中国水利博物馆是水利部直属的国家级行业博物馆，2010年建成开馆，综合了教育、研究、收藏、保护和交流等功能，展陈内容有水与人类文明展区、水利千秋基本陈列展区、龙施雨沛展区、“馆中馆”浙江治水馆、临展区以及室外的镇水、分水、祈水文化展区等。

浙江海洋大学海洋生物博物馆

2万件馆藏海洋生物标本，这是一本立体的海洋百科全书

陈素萍　张路瑶

炎炎夏日，“去海边”是很多家庭的暑期出游首选，脚踩柔软细沙，感受浪花拍打，是何等的自由惬意。

海洋，总能让人产生无尽的向往与好奇。眺望广阔无垠的大海时，不知你是否有过好奇：深邃的蓝色下藏着多少神秘生物呢？在浙江海洋大学内，有这么一个地方，走进里面，仿佛打开了一本立体的海洋百科全书。这就是浙江海洋大学海洋生物博物馆。

馆藏海洋生物标本超2万件，这里有国内最大的布氏鲸骨架

作为全国科普教育基地，同时也是浙江舟山最具海洋特

色的公益性科普场馆之一，浙江海洋大学海洋生物博物馆一直公益性对外开放。

参观者或许不知道，如今这个展厅面积超过1000平方米的博物馆，其实搬过三次家：始建于1998年，原称“海洋生物标本室”，前身是舟山师范专科学校的生物标本厂，当时展馆面积150平方米左右，有标本300余种；2002年，搬迁至新建的30号楼（文化路校区），更名“海洋展示中心”，展馆面积扩大到300平方米，标本增至1200余种；2013年秋迁至长峙新校区，正式更名为“海洋生物博物馆”。

浙江海洋大学海洋生物博物馆，分海洋生物和渔业船模两个分馆。其中，海洋生物馆馆藏各类浸制、剥制及干制等海洋生物标本2000余种，2万余件，涵盖刺胞、甲壳、软体、棘皮、鱼类、爬行类以及哺乳类等门类。标本来源主要以本省海域为主，除自己采集外，许多标本还来自历届师生及广大市民的友情捐赠。其馆藏的布氏鲸骨架是国内最大的。标本中观赏价值较高的干制大型标本16件：15米布氏鲸骨架1架；6米小须鲸剥制及骨架标本各1件；5米中喙鲸剥制及骨架标本各1件；长吻真海豚剥制及骨架标本1件；侏儒抹香鲸、江豚、弧形长尾鲨、

大白鲨等剥制标本各1件；以及我国海域分布的五种海龟标本——棱皮龟、绿海龟、玳瑁、蠵龟、太平洋丽龟。

除了这16件“镇馆之宝”，馆里另有日本蝠鲼、星云扁鲨、牛鼻鲼、剑鱼、翻车鲀、斑点月鱼、日本蜘蛛蟹等大型浸制标本。馆内也不乏一些珍贵罕见种类，包括中村六鳃鲨、六鳃魟，以及被称为地震鱼的深海罕见鱼类——3米长的石川氏粗鳍鱼（国内保存最完整、长度最长的石川氏粗鳍鱼标本）。馆内还保存了一些浙江省新记录种鱼类：日本长鲈、平头竿虾虎鱼、台湾丝虾虎鱼、黑体网鳚、坚鳞鲈、金黄突额隆头鱼等。

值得一提的是，几乎每一件标本都凝聚着师生的心血。比如各种蟹类标本，需要用镊子一点点掏出里面的蟹肉，再黏合好外壳，仅这一道工序，一个标本就要花3个多小时。

渔业船模馆中，约400件渔船、渔具模型及捕捞工具有序陈列，静静地讲述着沿海渔民世代繁衍而形成的独特习俗文化。

海洋科普向西行，惠及数十万名中小学生

“在推进科技资源科普化、扩大面向公众开放度、开展科普惠民活动等方面，表现优异。”2023年5月底，浙江海洋大学海洋生物博物馆获浙江省“优秀科普教育基地”荣誉称号，这是

来自浙江省科学技术协会对该馆的表扬。

喜获荣誉的那个月，馆长陈健也有了一个新身份——云课堂上的主播。他为宁夏银川市实验小学数百名学生送去了一堂云直播课堂，讲述布氏鲸、鲸鲨、石川氏粗鳍鱼等馆藏珍稀海洋生物标本，介绍珊瑚、四大名螺、鲨鱼、海马、中国鲎、海星等生物标本，通过直播连线的形式打破空间限制，带领远在千里之外的学生“隔空打卡”海洋生物博物馆。

这样的科普活动，不只放在云端，线下活动也在持续开展。

早在2021年，浙江海洋大学“海山计划”第一家小学海洋科普馆在青海开馆。3388千米，是浙江舟山与青海囊谦的距离。一个在东部沿海，一个在西部高原，却因浙江海洋大学师生的一个举动，两者有了交集：浙江海洋大学师生从几千公里外“打包”了上百种海洋生物标本，运到了囊谦县第二完全小学，并将这些标本陈设布展，在校园内建起了一个小型的海洋科普馆。

这个微型海洋科普馆里的标本，由甲壳类、鱼类、贝类、棘皮动物等四大类组成，多是由浙江海洋大学海洋生物协会的学生志愿者们亲手采集制作而成。除此之外，大学生志愿者还为孩子们上海洋科普课，特别展出

了由乌贼、大黄鱼、小黄鱼、带鱼组成的东海传统“四大海产”标本。

看着校园内的科普馆布展完成，囊谦县第二完全小学校长俄金曲吉当时激动地说：“这里大多数孩子没有见过海洋，更没接触过海洋生物，这些标本能让他们身临其境地了解海洋，激发他们探索海洋奥秘的兴趣。”

自2016年以来，海洋生物博物馆立足浙江、面向全国，陆续与陕西、新疆、青海、宁夏、湖南、江西等8省（市、区）数十所中小学和社会团体联合开展海洋科普活动百余场，为江西省寻乌中学、新疆阿克苏舟山博爱希望小学、青海囊谦县第二完全小学、金华浦江县浦阳第一小学等多所中西部及偏远山区中小学捐赠了千余件海洋生物标本与图书资料，惠及数十万名中小学生，把海洋科普的种子撒向全国。

海洋物种鉴定服务上线，编写的专业书籍入教材

如果你是海洋生物爱好者，正好想知道某种海洋生物的名称，怎么办？

你可以试试这么做：关注浙江海洋大学海洋生物博物馆公众号，直接在输入框发送你要鉴定的物种照片或文字，博物馆专家会定期抽空做出回复。个人交流不收取费用。

历经20余年的积淀，浙江海洋大学海洋生物博物馆于2017年被我国农业农村部认定为“濒危水生野生动植物种鉴定单

位”。该馆常年从事海洋生物物种多样性研究工作，物种鉴定经验丰富，擅长海洋濒危水生保护动物、海洋鱼类、海洋虾蟹类、海洋贝类等物种的鉴定，曾为上海海关、南京市公安局、舟山市人民检察院等30余家单位完成了蠵龟、玳瑁、鹦鹉螺等海洋保护动物及其制品的鉴定工作百余次。

另外，已经退休的前馆长赵盛龙教授一手创建了浙江海洋大学海洋生物博物馆，他在创建标本馆的过程中主编及参与编写了多部专业参考书籍，比如他主编的浙江省中小学生《海洋教育》系列教材，成为浙江省中小学海洋意识教育及科普教育的重要教材。

基地小名片

浙江海洋大学海洋生物博物馆隶属于浙江海洋大学，既是浙江海洋大学海洋类教学、科研及国内外海洋生物多样性学术交流平台，同时也是舟山群岛新区最具海洋特色的公益性科普场馆之一。

在中国湿地博物馆，看见杭城的自然底蕴

姜赟 单莉萍 俞静漪 胡轶慧 刘蕙旻

在西溪湿地东南部，有这样一座被绿植包围的清水混凝土建筑，在空中俯视像一棵“新芽”，与西溪湿地的景观融为一体，这里就是中国湿地博物馆。

走进这座奇妙的建筑，可以看到西溪湿地清丽秀美的自然风光，可以观察中国典型湿地的场景，也可以体验世界各地丰富多彩的湿地文化。

从2023年9月开始，这座奇妙的湿地王国将闭门一段时间，进行场馆提升改造，期待它重新开放后的新颜。

在西溪湿地，看见湿地世界

对于杭州人来说，一说到“湿地”，首先想到的恐怕就是西溪湿地了。但你知道什么是湿地吗？按照国际《湿地公约》的规定，湿地是指天然或人工、常年或季节的沼泽地、湿原、泥炭地或水

域地带，带有或静止或流动的淡水、半咸水或咸水水体，包括低潮时水深不超过6米的水域。简单来说，湿地就是陆地上的各种水域，以及海岸带和海域水深不超过6米的过渡地段。

湿地与海洋、森林一起并称为地球三大生态系统，占全球土地面积的6.4%，被誉为“地球之肾”和“物种基因库”，储存了全世界40%以上的已知物种。全球共有超过10亿人依靠湿地为生，相当于大约每8个人中就有一个人依靠湿地生活。

被称作“地球碳库”的西西伯利亚泥炭沼泽上孕育着濒危的沼泽植物，栖息着濒危的鸟类动物；公认的最神秘的“生命王国”亚马孙河流湿地上榕树成林，滋润着南美洲广袤的土地；非洲“生命之湖”维多利亚湖泊湿地树林茂密、牧草丰富，狮子、大象、斑马、长颈鹿等野生动物随处可见；“透明清澈的海中野生王国”澳大利亚大堡礁在潮落时分形成缤纷多彩的珊瑚岛，儒艮、绿海龟也栖息其中；世界上分布面积最大的红树林位于印度尼西亚，红树林拥有密集而发达的根系，牢牢地扎入淤泥之中，在海浪的冲击下也屹立不倒；美国落羽杉沼泽森林由古老的第三纪孑遗植物落羽松组成，森林茂密，黄冠夜鹭、林鸳鸯、白头海雕栖息其中……

沼泽、湖泊、河流、海滩……自然湿地的类型丰富多样。沿着潺潺流淌的叠水，听着悦耳鸟鸣，远

离城市的喧嚣，不论是典型的红树林湿地，还是落羽杉沼泽湿地，中国湿地博物馆都进行了场景复原。在一个序厅的范围内，就能了解到位于世界不同地点的不同类型的湿地之美。

西溪湿地实景，是“镇馆之宝”

位于丘陵山地与平原之间，西溪湿地拥有丰富的水生资源，孕育着独特的西溪风光和水乡文化。顺着导览指示，走进博物馆二楼的西溪厅，一种“以舟为马，以水为田，以桥为路，以岛为家”的独特水乡生活便展现在了眼前。

历史上的西溪景色宜人，恬静的人居环境以及自给自足的农耕生活，仿佛陶渊明笔下的世外桃源。成群的家养鹅在水边戏水，渔夫泛舟于两岸长满芦苇的水面，石板路蜿蜒经过农家门前……一幅幅西溪历史影像呈现在展厅的墙壁上，拼凑出旧时西溪的生活图景。

作为一个典型的次生湿地，西溪不仅拥有优美的自然风光，而且孕育了一方水土一方人的老杭城文化底蕴。进入西溪的农家厨房，八仙桌上摆放着四道当地有名的农家菜：鱼头豆腐、腩肉春笋、葱爆黄鳝、清汤鱼圆，在每道菜肴上方伸手一挥，投影屏就会播放相应的菜肴制作工序。

当地人不仅善于烹制美味佳肴，更是心灵手巧，会编织各

种农具。展厅门上挂着的花篮，就是在2009年被列入浙江省非物质文化遗产代表性项目名录的西溪小花篮。在20世纪40年代，不同花式的品种多达12个，编织好的小花篮作为装饰品或包装盒一度远销日本等国家。

要说在中国湿地博物馆最美的一处场景是哪里，不少来访者都会说，是在码头欣赏西溪湿地的美景。从馆内侧门出去，正好可经由门口的码头，徒步走到湿地一隅，饱览水光潋滟的西溪美景。清风微拂，白鹭争渡……与场馆接壤的西溪湿地实景不仅处处蕴含着动人的风光，也成为该馆“最宝贵的馆藏”和“最原生态的展品”。

现在的西溪湿地已经成为我国第一个也是唯一的集城市湿地、农耕湿地、文化湿地于一体的国家湿地公园，这是今人共同努力维护湿地生态的成果。

趣味科普课程，受孩子追捧

紧紧围绕湿地科普宣教主题，中国湿地博物馆深度挖掘与湿地相关的科学、人文、艺术等领域知识，宣传湿地科普知识，推广湿地历史文化。经过多年探索实践，形成“一赛三课”湿地科普课程体系。

以“湿地”为母题，每年推出一个新主题的“湿地主题绘画大赛”已连续举办12届。以生物多样性为大主题的“自然科普课堂”，以自然的色彩、线条、肌理为灵感进行艺术创作的“自然艺术工作坊”，以西溪湿地自然资源为课堂开展的“自然探索课程”每年开课20余场，多维度挖掘湿地生态文化资源，丰富社会教育内容。

以“无水不成杭”为主题的青少年湿地研学活动自2022年的夏天开启，以“水”为引带领孩子们走遍古良渚水坝、西湖生态、运河生态、西溪生态等杭州之水，从文化生态、治湖清淤、筑塘护城等生态角度寻觅传统与本源，了解湿地对于杭州城市发展的重要性。

就在2023年上半年，中国湿地博物馆还举办了一场主题为“塑鸟”的聚会沙龙，呼吁公众关注城市鸟类与塑料的议题。活动路线从博物馆一直延伸到西溪莲花滩观鸟区，一路上穿插着夜鹭、喜鹊、白鹭等不同的鸟类的身影。小朋友们一路记录着鸟类留下的线索，留意鸟类的身体结构与生存环境。在亲身走进自然的过程中，小朋友们逐渐了解湿地鸟类的基础知识和进化规则。

中国湿地博物馆馆长章丹红表示，她希望中国湿地博物馆未来让更多人与人、人与自然的联结在这里发生，呈现一个既专业又自然、有趣、艺术的知识共享空间。

基地小名片

中国湿地博物馆位于杭州西溪国家湿地公园东南部，占地面积20200平方米，于2009年11月正式对外开放，是我国唯一一座由原国家林业局批准兴建的以湿地为主题，融收藏、研究、展示、教育、宣传、娱乐于一体的大众化国家级专业博物馆。

“圆滚滚”大熊猫，在这里每天享受自助餐

林辰辰

清晨，毛茸茸、圆滚滚的珍好在睡梦中醒来，从清凉的“花园别墅”中慢悠悠地踱步到500多平方米的室外馆，准备享受今晨的第一顿“美食”——竹子、竹笋大餐。

在这里还有它的另外两个大熊猫小伙伴，已居住在安吉10年的庆仔，还有珍好的双胞胎姐姐珍巧。生活在中国第一竹乡，也是全国最大的竹子博览园中，庆仔、珍巧、珍好三只大熊猫每天享受着万亩竹子风景，吃着最新鲜的本地竹子“自助”，溜达、玩耍、睡觉，生活十分惬意。

中国首个大熊猫落户的县级基地

位于浙江安吉的中国竹子博览园因为庆仔、珍巧、珍好三只可爱的大熊猫，每天吸引着众多游客来参观游览。每年暑期，全家组团的亲子游玩更是火热，不少本地游客表示，不出远门

就能在安吉看大熊猫吃播一天，真的超治愈！

“帅小伙”庆仔因为性格沉稳又憨厚，被爱他的人们称为“闷逗儿”。如今已经20岁的成年熊猫庆仔，是纪录片《闷豆儿成长记》的“大男主”，在微博上拥有着自己的“超话”。每年生日，都有粉丝自发在网上为他庆祝，祝福他“吃好喝好、健康长寿”。珍巧、珍好两姐弟，一个爱捣蛋一个爱睡觉，一个是熊猫圈的奥黛丽·赫本，“肤白貌美”，喜欢在游客面前展示自我；一个活泼、有个性，高兴的时候会和“两脚兽”热情互动，午睡时则不喜欢被打扰。

作为全国首个大熊猫落户的县级基地，中国竹博园整个熊猫馆面积大约7800平方米，各项功能齐全。根据大熊猫怕热不怕冷的特别属性，160平方米的室内馆常年恒温，一旦室外温度超过26℃，三只大熊猫就会进屋享受空调的凉意。

在“竹子王国”，大熊猫们的吃喝更是不用担忧。每天早上8点、中午11点、下午4点，饲养员就会给三只大熊猫喂新鲜现采的安吉竹子，下午和晚上再加餐美味的窝窝头和苹果。竹乡安吉，不缺竹子，毛竹、红竹、哺鸡竹等都适合大熊猫采食。每天工作人员会现采、清理、挑选，保证给大熊猫提供足量新鲜、卫生的竹子。

除了可爱的大熊猫，日常园区里的“指路人”小松鼠，朝你奔来的亲密玩伴小熊猫，都是竹博园里的“可爱担当”，它们的一举一动都是游客们的目光焦点。

简单的竹，验证物种的多样性

在竹子博览园，大熊猫仔仔们的食物——竹子，也是绝对的主角。

诞生时，是露出尖尖角的小竹笋；在春雨滋润下，慢慢脱掉外壳长成竹子；经风霜雨露后，竹子拔节生长到几十米的高度，之后开花或枯萎死亡。竹的一生各阶段就不尽相同。

两竖一横，填上绿色，每个人都能画出简单的小竹节。而物种的多样性，在简单、挺直的竹上依然有所体现。高大的歪脚龙竹，是世界上发现的最高大竹种，可以存活上百年，一般要50～60年才开花；叶翠而竿紫的紫竹姿态优雅，常用于箫、笛等音乐器材的制作；竹竿黄绿相间的花毛竹色彩斑斓，坚韧光滑，竹叶茂盛宽大，自然下垂，从唐代起就被出口用于制作钓鱼竿、滑雪竿等，是我国出口量最大的竹种；高节竹，竹节显著隆起，“高风亮节”名不虚传。还有伟岸凌空的竹、细如棒针的竹、叶大如帛的竹……在竹叶疏密之间，绽放绿色的美。

安吉丰富的水资源利于竹子的生长，竹子博览园成为开展竹类植物多样性迁地保护和科学普及教育的重要场所。

漫步竹子博览园，除了安吉本土的毛竹，京竹、斑竹、金枝玉叶竹、龟甲竹等多个竹子家族排列整齐，疏朗有致地站立，它们自在优雅，微风吹过，结伴发出“沙沙”的欢迎声。截至目前，世界上共记载了1000多个竹种。而竹子博览园内，潺潺的浒溪水边，就有400多种竹子蔚然伫立，其中396种是珍稀竹种。晴时，雨时，日出时，月照时，竹林风情不同。在光影闪烁，竹影摇曳之间彰显自然的神奇魅力。

三万年竹化石，传承竹的铮铮风骨

赏竹是一件有讲究的事。秋冬观竹，可以观察竹的形态；春夏赏竹，则可以看竹笋，看竹的颜色，感受竹海清风带来的夏日清凉。

从古至今，世人偏爱赏竹的风骨。它虚心有节，凌云直上，坚韧不拔，杜甫借其志，“但令无翦伐，会见拂云长”；苏轼爱其雅，“不可居无竹”“无竹令人俗”；郑板桥赞其坚，“千磨万击还坚劲，任尔东西南北风”……

竹文化传承数千年，学习竹、了解竹，可以洞悉世界各国竹种之美，惊叹我国竹资源之丰富，理解竹精神之高雅淡泊，感受竹文明境界之深远，沉浸竹海，则让人不自觉地心胸舒畅、心旷神怡。

中国竹子博物馆是竹子博览园的一大组成部分，在这里能穿越竹子世界的古今，从东方到西方。一件3万年的巨大竹标本是博物馆的镇馆之宝，竹编《清明上河图》《兰亭序》等1000余件竹工艺品、竹文物、古文书籍令人目不暇接。近年来，为了广泛开展竹科普，博物馆开发了一系列研学课程，在竹编灯笼、竹叶贴花、竹林施肥、熊猫课堂等一系列活动中，引领大众进一步了解“竹文化”。在科技赋能之下，竹子博物馆不断升级，如今来自安吉的竹子也开始“上网”，借助大数据、智慧屏等现代技术，“静立”的竹子可以跨越时空对群众进行“自我介绍”，让更多人了解竹子，传承竹文化。

基地小名片

中国竹子博览园始建于1974年，由安吉县林业局、中国林业科学院亚热带林业研究所、安吉灵峰寺林场共同创建，占地1200亩，是国家AAAA级旅游景区、全国科普教育基地、国家竹子种质资源库、全国首个大熊猫落户的县级基地，是一家集竹海观光、竹文化主题体验及科普教育于一体的竹类大观园。

奏响大自然的华美交响曲

姜赟　顾嘉欣　胡轶慧

万类霜天竞自由。台州市仙居县位于武夷山生物多样性保护优先区的北端，有“八山一水一分田”之说。森林覆盖率达到79.57%，环境空气质量优良率达100%，水资源超过24.1亿立方米。仙居生物多样性博物馆就坐落在仙居白塔镇如意湖畔，是浙江省第一家以生物多样性为主题的博物馆。

每当小长假，热爱大自然的小朋友们，不妨走进仙居生物多样性博物馆，一起去寻找“神奇的生物”。

打开通向大自然的门

什么是生物多样性？

生物多样性是指生物（动物、植物、微生物）与环境形成

的生态复合体以及与此相关的各种生态过程的总和。生物多样性主要包括三个层次：遗传多样性、物种多样性和生态系统多样性。每年的5月22日，是国际生物多样性日。

在植物多样性展区，设置了实物标本、放大镜互动装置以及闻香游戏、翻板游戏等，展出以仙居命名的多种植物。这里有一个很有意思的版块，是关于鼎鼎大名的仙居杨梅。

仙居国家公园管委会朱奕静告诉记者，这里不仅用图文展示杨梅的不同品种，还陈列了化学处理过但仍保留了杨梅气味的实物，“可以使参观者仿佛置身于杨梅林中，仿佛夏日清甜的杨梅唾手可得。”

跟随讲解员，走进地质景观展区，这个展区主要讲述的是构成仙居生物多样性基础的西罨寺复活破火山景观和仙居地质遗迹。展区的中央是西罨寺复活破火山模型区，使用模型板块配以灯光投影来重现仙居大地100亿年前破火山复活的景观，犹如走近了一片正在活跃的火山腹地，近距离观察火山岩浆从破火山口涌出、流动和凝结成岩的全过程。展区边缘的展台中展出的是仙居国家公园的各种火山岩标本。

见证多样生命的神奇

仙居生物多样性博物馆馆藏标本有600余件，最令人流连忘返的是动物多样性展区。一走进展区，首先映入眼帘的是上百只鸟类标本在大厅的空中“展翅翱翔”，参观者可以通过展台旁的耳机可以聆听鸟叫，猜测这是什么鸟，它们在做什么。

博物馆的镇馆之宝是云豹标本。云豹得名于其身体两侧有6个云状的暗色斑纹，是国家一级保护野生动物。云豹身长近一米，体重10～20千克，尾巴长度几乎与身体等长，皮毛基色是均匀的浅蓝色至灰色。其双颌能张开近90度，牙齿是猫科动物中最锋利、最长的，又有“小剑齿虎”之称。云豹有一双萌萌的大眼睛，更是名副其实的神秘森林猎手，极强的爬树能力可以使其倒挂在树上。很可惜的是，目前国内仅有约100多只野生云豹。博物馆橱窗里，云豹标本在豹的标本上面，可以明显看到它的体格比豹小了很多。

一双小眼睛，形体狭长，全身有鳞甲，四肢粗短，尾扁平而长，背面略隆起——这个

穿山甲标本吸引了不少参观者的驻足。很多人都知道穿山甲，但真正近距离观察的机会不多，这可是国家一级保护动物。

一旁的中华斑羚标本是博物馆里的颜值代表。中华斑羚是中国珍稀的哺乳动物之一，大多生活在崎岖山地、岩石峭壁和常绿阔叶林等环境中，擅长攀爬和跳跃，被誉为“攀岩王子”。

展台旁设置了互动区域，通过窥镜口，可以观看在括苍山省级自然保护区拍摄的珍贵野生动物的视频。这些标本时刻在提醒着我们，地球上的每一个生物都有其不可或缺的地位，都是自然生态的重要组成部分。

撒下保护生物的种子

仙居生物多样性博物馆自开馆以来，一直发挥着科普基地的作用，在孩子们的心中撒下了一颗又一颗保护生物多样性的种子。2023年半年时间，仙居生物多样性博物馆开展了15场公益课堂，为150余名孩子开启了研学之旅。在第23个国际生物多样性日，博物馆还举行了包括昆虫标本鉴赏、公益研学课堂、自然农夫集市等形式多样的嘉年华活动。

火山喷发实验中，孩子们利用泥巴、模具、小苏打等材料

模拟火山喷发的情景；植物敲拓染课上，大家有节奏地敲打不同颜色和形状的树叶，见证树叶的轮廓、脉络、颜色复刻在布料上的过程；蓝花布印染技艺课上，同学们在布料上印制各种各样的花卉纹样，传承这项自汉晋时期传入仙居的传统印染技艺。

而在暑期期间，博物馆开展了放生野生动物研学活动，组织仙居野生动物保护协会志愿服务队与孩子们共同放飞了三只红隼、两只鸺鹠和一只灰鹭，这些都是珍贵的国家二级保护野生动物。

仙居野生动物保护协会志愿服务队负责人吴新洪介绍说，收治鸟类以及其他种类的野生动物均不适宜救养太长时间，不然会消磨它们的野性和野外生存的能力。回归自然是这些野生动物最好的归宿。

仙居国家公园管委会资源规划科负责人、仙居生物多样性博物馆馆长刘灿说，博物馆以生物多样性保护、研学教育为特色，承担研究、展示、教育、理念传播等功能，提升广大市民生物多样性保护意识，打造生物多样性保护新高地。

博物馆将继续积极推进场馆建设，把生态保护、人与自然和谐发展的理念传递给更多的群众，让人们学会珍惜、保护和恢复生物多样性，给予它们一个和谐与平衡的家园，让大自然这首华美的交响曲得以长久、优雅地歌唱下去。

基地小名片

仙居生物多样性博物馆是浙江省第一座以区域生物多样性为主题的生态博物馆，也是仙居与法国开发署开展国际合作的重点项目之一，仙居对外交流展示的重要平台与窗口。博物馆设序言区、地质景观展区、生态系统多样性展区、动物多样性展区、植物多样性展区、微生物多样性展区［以大型真菌（蕈菌）为代表］、生态系统服务功能展区等区域。馆藏标本有600余件，包括动物标本、矿石标本、植物标本等，全面展示了仙居的地质地貌、生物多样性和文化多样性。

下篇

科技逐梦 智引未来

沈括的“透光鉴”vs哈利·波特的“预言球”

王湛

一面“来自”西汉的透光铜镜，古色古香地立在那里，在周围高科技产品的环绕下，它似乎显得有些另类。它就在浙江大学科普教育基地物理演示实验室里。

浙江大学科普教育基地物理演示实验室隐藏在紫金港校区的第四教学楼内，远离热闹却难以低调。这里有光学、力热声学、电磁学科学的展示和互动，热爱科学探索的中小学生们，经常在某个节假日，到这里和美丽的科学来一场约会。

沈括笔下的“透光鉴”，穿越千年之美

宋代大科学家沈括的《梦溪笔谈》描写了古器物“透光鉴”：“世有透光鉴，鉴背有铭文，凡二十字，字极古，莫能读。以鉴承日光，则背文及二十字皆透在屋壁上，了了分明。人有原其理，以谓铸时薄处先冷，唯背文上差厚，后冷而铜缩多；

文虽在背，而鉴面隐然有迹，所以于光中现。予观之，理诚如是……”早在北宋时期，沈括就发现了透光铜镜的奥秘。在加工时，铜镜的背面刻有图案，使铜镜厚薄不均，冷却时收缩程度存在差异，因此在镜面留下微小的褶皱，这些褶皱形状和背面的图案相似，光照其镜面反射时，便表现出和铜镜背部相似的图案，使得铜镜拥有了类似于透光反射背部图案的效果。

《梦溪笔谈》距今千年，北宋时期的科学家沈括，当年就已经在向大众传播着华夏文明的智慧结晶和科学之美。

哈利·波特的“预言球”，定义了时间

像《哈利·波特》里的“预言球”一样，辉光球在一角闪烁着幽蓝又泛紫的光束。这是在光学厅，辉光球最初是由美国物理学家尼古拉·特斯拉发明，用来研究高频交流电的高压放电现象的，如今成为大众走近科学的一个有趣而又神秘的光学仪器。

辉光球为什么会发光？原来，通常它内部充有混合惰性气体，比如氩气、氖气、氪气等，内部的气压和大气压比较接近，这些惰性分子在高

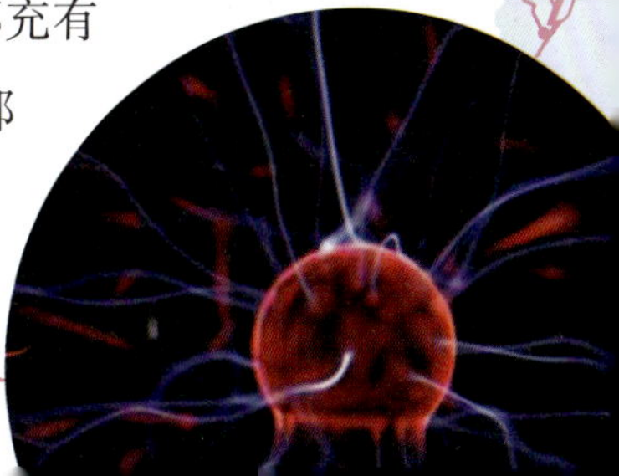

频的高电压作用下会失去电子形成等离子体，产生电晕放电现象，于是发出触须一样游动的光芒。这些光芒的颜色并不是任意而杂乱的。不同的气体分子会产生不同颜色的光，比如氩气是蓝紫色，氦气是橘红色，氪气是黄绿色。

辉光球是一颗充满氩气的蓝紫色球体。那闪烁着蓝紫光的透明球体，正通过光线向人们传递出一份份拥有特定频率的能量，每一份能量都是由电子在氩原子特定能级差下跃迁释放的，精确又稳定。因此，颜色也特别稳定、纯净。

要知道，这背后所蕴含的物理规律和国际单位制中的“1秒”时间的定义紧密联系。对于时间的定义，其原理与惰性气体辉光现象的能级跃迁类似，人们选择更为精密的铯-133原子精细“能级跃迁”。最好的铯原子钟可达到运行2000万年仅相差1秒，被广泛使用在天文、卫星通信、导航系统和国防建设等多个领域。

一颗小球穿墙而过，丝毫不受黑墙阻碍！这不是变魔术。原来，这是光的明暗变化“欺骗”了我们的眼睛，而引起光强变化的是一种名叫偏振片的透明薄膜。这种特殊的光学元件与我们的日常生活息息相关，比如用在防眩目太阳眼镜、相机偏振片以及随处可见的LED屏幕等。我国发射的世界首颗量子科学实验卫星“墨子号”，在太空与地面之间进行量子通信实验，主要完成三个任务，分

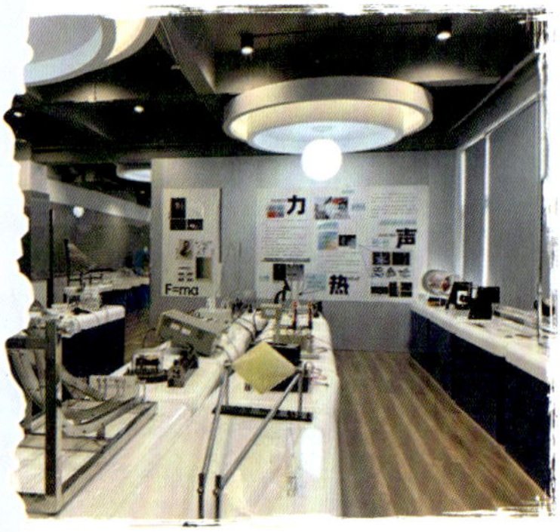

别是量子密钥的分发，量子纠缠原理的验证和传递量子隐形传态。为了配合“墨子号”，地面观测站对于接收的光信号的探测和检验，就需要利用光的偏振态和偏振片。

物体运动中，“你来我往的纠葛”

在力热声学厅，一个可以手持的自行车轮和一张灵活的凳子，让人不禁想坐上去试玩一下。当转动手上的车轮时，我们所坐的凳子也会转动。

这个简单的演示，和我们的生活也是紧密联系的。比如，快速旋转的扑克牌可以飞行很远的距离，旋转的飞盘不会在飞行时被迎向吹来的风掀翻。这就是物体运动中角动量和力矩之间“你来我往的纠葛”。

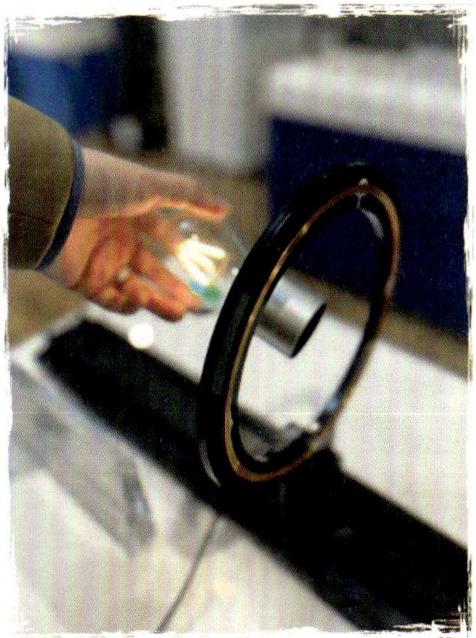

这种角动量的规律，在中国空间站也被发挥得淋漓尽致。“天宫课堂”里王亚平和叶光富两位老师做过类似演示，他们提问：吹气和甩手，哪种方式可以实现太空转身？

其实这背后关乎的是如何调整中国空间站姿态。答案自然是利用角动量守恒：

以空间站内部高速旋转的陀螺仪为支撑点，推动陀螺仪角动量旋转就能获得反作用力矩使空间站姿态改变。这就像我们坐在凳子上，利用手中转动的车轮，帮助我们改变自己的朝向。

科学就是这么“简单”又奇妙。

这里还有很多神奇之境值得探索。如电磁学厅，最亮眼的是通过无线电能点亮的电磁悬浮灯——灯泡悬浮在半空中，和灯架之间有一根手指的空隙。乍看有点像磁悬浮列车的状态，但是和磁悬浮列车的原理却不相同。

一只磁悬浮无线供电的灯泡，似乎不能让我们太过惊奇。不过回想130多年前，美国物理学家尼古拉·特斯拉就将无线电能输送的理论努力付诸实践，不禁让人感慨：人类在科学上矢志不渝的追求所带来的成就是多么伟大。

基地小名片

浙江大学科普教育基地由艺术与考古博物馆、科技创新馆、人工智能与创新设计馆、竺可桢纪念馆、医学人体博物馆、国家健康和疾病人脑组织资源库、农业试验站、物理演示实验室、农业与生物技术学院科普教育基地等九家基地组成，为2021—2025年第一批全国科普教育基地。

你身体里的每一个原子，都来自一颗爆炸了的恒星

郑琳

在浙江金华，有一个好玩又长知识的“宝藏馆”，很多家长却不知道。那里有逼真的“太阳系”和“动物世界”，能在球幕电影里穿越到恐龙时代，能和机器人下象棋，还能亲身体验电磁炮、能量转换轮、脚踏发电机、多角镜……

这个“宝藏馆”就是浙江师范大学科技馆。

太阳系八大行星，讲述45亿年的宇宙故事

“你身体里的每一个原子都来自一颗爆炸了的恒星，你左手的原子与右手的原子也许来自不同的恒星。这实在是我所知道的物理学中最富诗意的东西：你的一切都是星尘。”

走进浙江师范大学科技馆，你就能立刻感觉到美国物理学家劳伦斯·克劳斯所说的这种诗意。因为一进展厅就是天文展区，太阳系八大行星就在你面前，诉说着45亿年的故事。

在银河系中，85%的恒星系是“孤独”的，但我们所在的太阳系却很热闹，它有着自己的“银河小分队”——八大行星。它们的等比例复制模型就在展厅一侧，在那里能看到每一颗行星自己的故事。

继续往前走，会发现头顶悬着一个巨大的球体，它就是行星演示仪，能向游客展示逼真的行星动态。只要在演示仪下方的屏幕上选择想要观察的行星，球体就会“变身”成那颗行星的样子。因为不同的行星的地表物质不同，呈现出的颜色也不尽相同。比如，水星地表由硅酸盐构成，所以显示为略带褐色的灰色，海王星则因环绕的大气中富含甲烷，呈现出美丽的蓝色。

这个行星演示仪还可以模拟星球的自转，你会发现一个神奇的秘密：大部分行星和我们的地球一样，都是自西向东旋转，但是金星和天王星却不同寻常。金星的自转很慢，而且是反着转的，而天王星则是“躺着”旋转的，背后的原因至今是个谜。科学家们猜想，那可能是因为

金星和天王星曾经被小行星撞击过。

更让孩子们喜欢的是那个会动的太阳系模型，看着行星们缓缓排成“五星连珠”“七星连珠”的样子，孩子们个个瞪大眼睛。

球幕影院遨游太空，穿越千万年去看恐龙

科技馆的“镇馆之宝”当数球幕影院（天象馆）。球形天幕的直径有14米，馆内配置的SA-15型天象仪可以把星空投影在球幕上，让我们在白天也能观看星空。倾斜式银幕使观众具有飘浮在空中之感，“静坐一室，遨游太空”。宇宙里5000多颗6.05等以上的恒星尽收眼底，还有仙女座大星云、球状星团、猎户座大星云、蟹状星云、大麦哲伦星云、小麦哲伦星云6个星云星团。

不过小朋友最喜欢的，是这里播放的各种震撼的球幕电影。

伴随着《海洋交响乐》，镜头首先着眼于大海深处，晴空万里下的碧波浩渺，天海之际海洋生物在水中游动，小丑鱼、水母等在水中舞蹈。

最刺激的是恐龙的故事，你会“坐上”一辆探险车，然后穿越千万年岁月来到白垩纪。恐龙巨大的身躯就从我们的头顶掠过，仿佛随时会被它粗壮的大腿踩碎。接着探险车又从悬崖上掉落，就在你以为会摔得粉身碎骨的时候，一只翼龙用它强健的爪子抓住探险车，于是你就和它一起在空中翱翔了……

在球幕影院看恐龙的观众，全都会兴奋地大喊，感叹不虚此行。

流动科技馆的“宝藏”，是中国最早的计程车

这里还有一批特殊的“宝藏”展品，它们小巧精致，易于搬运，所以成为可以走出去到各地展示的“流动科技馆”。这批宝贝，每个都有绝妙的故事。

比如，中国最早的“计程车”——记里鼓车。它又叫记里车、大章车，是中国古代用来记录车辆行驶距离的马车。它的构造与指南车相似，有上下两层，每层各设有木制机械人。木人手执木槌，下层木人

打鼓，车每行一里路，敲鼓一下；上层机械人敲打铃铛，车每行十里，敲打铃铛一次。在古代皇帝出行的时候，车队里必须配有这个记里车。

1936年，文物博物馆学专家王振铎根据古代文献记载，复原汉代记里鼓车。这个模型现藏中国国家博物馆，而浙江师范大学科技馆所有的是一个复刻品。它利用齿轮的轮尺相互啮合，传递动力和运动的机械传动。记里鼓车的左轮上，有一个黄色的共轴小立轮。当车轮转动的时候，就会带动黄色的小立轮转动，再由黄色的小立轮带动其他齿轮转动。记里鼓车上的小木头人由于齿轮的牵动，在车子行驶一里的时候，由绳索拉起小人的手臂，击鼓一次。

另一件有趣的宝藏是“达·芬奇永动机”模型。历史上，有许多人想要造出一种可以源源不断对外做功而不额外消耗任何能量的永动机。其中，文艺复兴时期的著名画家达·芬奇设计的永动机就特别精妙，它看起来像个水车，圆轮里放有许多小球。

在达·芬奇的设计里，轮子按顺时针方向转动时，右边的重球比左边的重球离轮心更远一些，这样在两边不均衡的作用下，会使轮子按顺时针方向转动不息。

但实验结果却是否定的。事实上，由杠杆平衡原理可知，右边每个重物施加于轮子的旋转作用虽然较大，但是重物的个数却较少。精确的计算可以证明，总会有一个适当的位置，使左右两侧重物施加于轮子的相反方向的旋转作用（力矩）恰好相等，互相抵消，使轮子达到平衡而静止下来。

基地小名片

浙江师范大学科技馆入选2021—2025年度第一批全国科普教育基地，也是浙江省科普教育基地、浙江省生态文明教育基地、金华市青少年“快乐成长”教育实践单位，4000多平方米的展厅，分为天文、地理、生物、化学、物理、信息和心理等七个展区。以馆内展品为展示内容的“流动科技馆”受到社会各界的广泛好评。

红红火火的金鱼，年画的C位

王湛

杭州动物园的金鱼园，粉墙黛瓦、亭台飞檐、莲池回廊、小桥流水，与金鱼灵动绰约的身姿交相辉映，与金鱼的古典韵味融合统一。

为什么很多传统年画中，总是少不了红红火火的“金鱼”？中国人为什么这么喜欢金鱼呢？

让我们带着疑问，一起走进小朋友们熟悉又喜爱的杭州动物园，走访园内的金鱼馆，来认识一下金鱼的品种和演化过程，探究金鱼和杭州的渊源，和中华民俗的脉络联系。

《山海经》最早记载金鱼

1958年，杭州动物园成立后，在当时杭州市园林局的支持下，承担恢复金鱼这一古文化遗产的重任。1975年金鱼园落成，成为当时全国最大、最具江南园林特色的金鱼馆，2007年再次修复。

金鱼是野生鲫鱼的变种后代，从“金鲫鱼”演变而来，而“金鲫鱼”就是野生的红黄色鲫鱼。

目前看来，最早记载金鱼的是成书于战国时期至汉代初期的《山海经》，距今2500年左右，说明当时人们已观察到金鲫鱼的存在。书中写道，“睢水出焉，东南流注于江，其中多母粟、多文鱼”，这里的“文鱼”指的就是出现鲜艳颜色的鲫鱼。

金鱼的体态特征与野生鲫鱼相比，产生极大变化是从金鱼由池养进入到盆养、缸养阶段开始的。明朝中后期的盆缸饲养，使金鲫鱼活动空间进一步缩小，生活环境的改变使金鲫鱼在体形、尾鳍、眼睛等方面有了特异变化。

金鱼开始被有意识地人工选择，是在清朝后期。由于饲养技术的发展，鱼的变异增多，金鱼工匠有意识地选择奇异的品种进行繁育。在这一时期，金鱼的眼睛、鳞片、色彩、鳃盖、头部、鼻隔膜、鳍等多个方面的特化新性状被保留，大致有了金鱼演化的雏形。

现在，人们根据体形把金鱼分为草种、文种、龙种、蛋种、龙背种等。金鱼的命名多根据金鱼的体形、体态、体色等特征，同时也透露出传统文化气息。有的以传统祥兽瑞禽寓意，如龙睛、凤尾、鹤顶、虎头等；有的以生动的形态特征命名，如喜望天、玛瑙眼；有的直接借用词牌、曲牌名，如“朝天龙”叫做“喜朝天”，“水泡眼”名为“眼儿媚”。

金鱼与杭州有哪些渊源

金鲫鱼在自然水域中偶有发现，但不多，也因此古人对于金鲫鱼多是尊崇的。人工池养后，金鲫鱼数量才多起来。

杭州有着“东南佛国”的美誉，劝人向善的思想使当时的人们将放生金鲫鱼作为善举之一，因而金鲫鱼更被珍视。北宋苏东坡曾有诗言及金鱼“我识南屏金鲫鱼，重来拊槛散斋余”。著名作家王旭烽曾写道：苏东坡吟诵“我识南屏金鲫鱼”时，是当诗歌来写的，可是近一千年来，它却是杭州金鱼的最早记载呢。

在专业人士的眼里，这一时期为金鱼“半家化”期，它的形象只是红色或背部红色的鲫鱼，远非我们如今所见的外形各异、色彩斑斓、雍容华贵的金鱼形象。

南宋开国皇帝赵构，也许是出于对美和高雅生活趣味的追求，认为放生池中颜色艳丽的“金鲫鱼”是上好的赏玩之灵物，于是他成为文人养鱼的第一人。

《武林旧事》记载，宋高宗赵构1163年在居住的德寿宫中，专

门建了小西湖饲养金鱼，还给它们起名为“金银鱼”，开创了家养金鱼先河，并引为时尚风靡一时，文人士大夫也相继凿池饲养金鱼。

金鱼进入了家化时期，并产生色彩变化，出现了银白和玳瑁色，在金鱼的进化发展中前进了一大步，民间还诞生了专门养鱼的技工，叫“鱼儿活”。金鱼很快传播到了全国，还东渡扶桑到了日本。明朝时的杭州，几乎家家都养金鱼，进而也就成了一种地域习俗了。

寓意美好，杭州动物园门票上也有它

杭州动物园门票上的标识，就是一条可爱的金鱼，是参照“朝天龙”原型设计的。杭州动物园培育过两百多个品种的金鱼，并出口远销。

金鱼的谐音是“金玉”。在过去，饲养金鱼讲究讨口彩，“金”是财富，普通人家则讨的是“余”的口彩，图个“年年有余”，因此金鱼在年画中十分常见。又因金鱼产子多，古人借以寓意多子多福，金为“金童”，玉为“玉女”。金鱼在我国还曾是尊贵的象征，唐代官服中佩挂的金鱼袋是当时最高级的包袋。

古代木质建筑多，饲养金鱼除了供观赏外，

还可储水灭火、吞食蚊虫。因为蚊虫喜欢在水中产卵、孵化，而储水防火的水缸里如果不养鱼，水质很快就会变坏，养几条金鱼则不需喂任何食物，它们吃水中滋生的虫卵与幼虫。

这样的做法，既可供观赏又可净化水质，何乐而不为呢？

基地小名片

杭州动物园成立于1958年，园区占地260亩，是集野生动物保护、科研、科普、教育与游览于一体的山林式动物园，饲养珍稀野生动物120种近千头（只），是中国动物园协会常务理事单位，曾荣获全国十佳动物园称号，是全国科普教育基地（2021—2025）、浙江省科普教育基地、全国野生动物科普教育基地。

核电科技馆

秦山小镇，藏着一颗“能量宝石”

王湛

在海盐，有一座核电科技馆，坐落在美丽的杭州湾畔。它是目前国内最大的核电主题科技馆，其中包含直径近8米的室内LED球屏，是目前亚洲最大的室内LED球屏，核电科技馆外形为蕴含能量的宝石，LED球屏为宝石的核心。展馆内还有世界上最大的核电压水堆主线模型。

站在位于半山腰的观景台上，俯瞰着核电站的全景，再往外，是浩瀚无际的东海，核电正从这里送往千家万户。

核电站的一生有五个阶段

山脉间，九台核电机组耸立，寂静的外观下，人类迄今为止最复杂的能源系统——核反应堆正释放着巨大能量。一张高压电网越过上空，把光明送入中国经济规模最大的华东地区。

秦山核电站，是我国第一座自行

设计、建造和运营管理的30万千瓦压水堆核电站，1991年并网发电，年发电量17亿千瓦时。这使中国成为继美国、英国、法国、苏联、加拿大、瑞典之后世界上第7个能够自行设计、建造核电站的国家。

2021年9月3日，经国家核安全局批准，秦山核电厂1号机组运行许可证获准延续，有效期至2041年7月30日，是中国内地首座运行许可证获批延续的核电机组。

核电站的一生要经历5个阶段：分别是选址设计、建造安装、运行维护、延寿期运行和拆除退役。由于每座核电站的设计标准不同，再结合当时的设计建造能力、工艺标准、制造水平等因素，各个阶段的时间也有所不同。如秦山一期，它的设计寿命是30年，秦山二期、三期是40年。

一般，选址设计要花上3～5年的时间，建造安装又要花上5～7年，拿到运行许可证后，就可以正式运行了；运行期限按照设计标准来，从30年到60年不等；之后若要延续运行，必须经过国家核安全局的安全审批。在运行结束后，经过去污拆除、封存处置，方可安全退役。

这里有核工业的“开业之石”

在核电科技馆的一个展台上，摆放着中华人民共和国第一块铀矿石模型，被称为核工业的“开业之石”。我国第一块铀矿石是1954年7月在广西富钟县采集到的，1955年1月被原地质

部部长李四光带到中南海，在中央书记处扩大会议上揭开了它的神秘面纱。当天，毛泽东主席就在会议上作出了建立和发展我国原子能事业的战略决策。铀矿石在被找到后不久，两次被带进中南海，成为中央领导反复谈论、提供决策的开业之石，也是从那个时候起，中国人开始了核工业创业的起步阶段。

秦山一期30万千瓦核电机组在1991年7月31日进行了首次装料，在当年的12月15日0时15分并网发电成功。有一面挂钟就是当时挂在一期主控室的钟，它为我们永远记录了这个载入史册的时刻。

一面展墙上展示的是核电站的选址原则、核电站在设计与应急方面的相关内容。核电站选址需要满足以下条件：要建在坚固的基岩上，远离断层；要有充足的冷却水与淡水供应；要有稳定的气候条件，没有极端气象灾害发生的可能性；要建在低密度人口区域；要与空中、水上航道保持安全距离；要靠近用电中心。秦山核电站的选址，就充分考虑了以上六点。

科技馆中还有个互动游戏：“测测生活中的放射性”。点击屏幕，看看生活中有哪些放射源，辐射剂量分别为多少，可以跟核电站的辐射量做一下比较。屏幕上展示的是秦山基地近几年的辐射监测值。数据显示，周围居民的年受照剂量实测数据不足0.01毫希弗/人，只是天然本底辐射的1/240。

这么多年来的监测数据表明，秦山核电基地的运行，对周边环境造成的影响甚微。其实，核电站的辐射占比非常小。通常在正常运行下，一座百万千瓦级的核电站周围居民一年接受的辐射量只有0.01毫希弗，相当于吸一根烟的辐射量，显然，对人体构不成危害。

在体验区感受核电人的工作

因为核电站是不对外开放的，所以在核电科技馆内有个体验区，通过互动体验，游客能对核电站以及核电人的工作规程有更直观的印象。

进入控制区之前，先用出入证领取电子剂量计，这个是用来测量厂区辐射值的，可以把它挂在胸口；接着到更衣室穿戴防护服。

然后，使用电子剂量计通过入口，进入辐射控制区。

在进入核岛之前，可先

了解核电站的日常维修业务和大修维修业务——主要包括核岛、常规岛以及辅助系统三大部分的日常检修和定期大修，以保证核电站的健康运行。

检修防异物防护是防止工作人员在现场工作时，一些随身带的异物如手套、螺丝等进入系统和管道，对核电站的运行造成不利的影响。

通过气闸门，进入核电站的核心区域——反应堆厂房。

眼前的就是换料水池，燃料组件就在水池底部，放在“高压锅”里。水池侧面黄色的大型设备是换料机，工作人员通过控制换料机来进行核燃料运输与更换。

顶上的环吊是安装重型设备、维修以及为反应堆换料提供吊运服务时用到的特种起重机。再上面是安全壳内的喷淋系统，当发生失水事故或主蒸汽管道破裂时，喷出硼水，降低安全壳内的压力和温度，以防止安全壳超压失效。

认识了这些主设备，就可以体验一把核电“换料员”的工作了。

体验结束后要进行辐射污染自检，确保不将辐射“带出”控制区。

检测合格后就可以去归还剂量计了。在归还剂量计之前，可以拿着自己的剂量计去查看一下自己进入控制区这段时间受到的辐射量到底有多大。

再来看看主控室，这是核电站的“大脑”，核电操纵员就在这里“发号施令”。操纵员必须时刻保持清醒的头脑、敏锐的洞察力和临危不乱的判断力，以保证核电站的安全运行。

基地小名片

核电科技馆坐落在中国大陆核电发源地——浙江海盐，总建筑面积约2.57万平方米，布展面积8300平方米，占地面积1.9万平方米。核电科技馆是由秦山核电全额出资2.58亿元历经3年建成的，是国内目前最大、公众体验最丰富、公众适用性最强、最具特色的核电科技馆。

横店国防科技教育园

这里有“陆战之王”，有神舟飞船

王湛

青翠山脉下，一队一队的青少年站在空旷的操场上，正在进行研学活动，远处，还可看到1：1的运载火箭、发射塔以及神五飞船模型——这是横店国防科技教育园，它以武器实物和模型为载体，展示解放军在各个时期的武器装备及我国航空航天的发展历史。园内有阅兵馆和重武器装备馆，以及太空探索馆、航天发射测控指挥中心和航天发射场等。

谁是“陆战之王”

在重武器装备馆里，陈列着各种各样的坦克。

说到坦克，不得不提第二次世界大战，当时以轻武器为主，重武器还不是特别发达，坦克当时在战场上所向披靡。第二次世界大战时，德国对波兰实施的闪电战，主要依靠的就是坦克集团军，仅仅一个月时间，德国坦克集团军横扫波兰百万大军，由此可见坦克已成为战场上的尖刀利器。

馆内展示着一辆有“陆战之王”之称的国产99式主战坦克。它采用了世界先进的坦克内部布局，从前往后的舱室依次是驾驶舱、战斗舱和动力舱，威力很大，能够在2000米内直接击穿1米厚的装甲。使用1200马力的柴油发动机，99式主战坦克在公路上时速可以达到65千米，越野时也能达到46千米，最大行程为600千米。

99式主战坦克最吸引眼球的亮点之一，是炮塔上的那台激光压制器，它的最大作用距离是4000米，最小距离为200米，可连续作业30分钟，能干扰敌方来袭反坦克导弹，用激光摧毁敌方坦克及装甲车辆的瞄准器。

我们在电视上会看到坦克后面跟随大量步兵，这是为什么呢？

原来坦克是封闭式的，没有窗户，靠潜望镜观测地形，盲区很大，容易遭到爆破手的袭击，被炸断履带。而有了步兵跟随，可以起到防范盲区带来的安全风险的作用，步兵可以通过无线电和坦克车长进行联系，还可以用轻武器阻止敌人爆破手靠近。步兵跟在坦克后面也可隐蔽，作为移动的掩体。一般轻武器子弹、炮弹都能够被坦克挡住，步兵更加安全，所以我们经常会看到步坦协同作战，这个组合起到了1+1 > 2的作用。

减速伞和引导伞、主伞的区别在哪里

在航天馆里，抬头仰望，可以看到神舟五号飞船返回舱使用过的减速伞。红白蓝黄四色组成的伞面，铺满了整个屋顶，比在电视中看到的令人震撼，参观者会觉得自己很渺小。

这是2006年1月15日，杨利伟考察国防科技教育园时赠予的。

工作人员小谭说，返回舱在降落过程中，要依次打开引导伞、减速伞、主伞。三种伞的面积从几平方米增大到几十平方米再到一千多平方米，这样逐级开伞的方式可以减小过载，实现返回舱的“急刹车”，保护航天员。

返回舱大约在距地面10千米高度时，返回舱上的静压高度控制器通过测量大气压力来判定所处高度，自动打开伞舱盖，引导伞第一个打开。这个伞就像小孩的裙子，学名叫锥形带条伞，主要是把减速伞从伞舱筒里拉带出来，所以它承受的力量非常大。它的材质是非常坚固、稳定的。

减速伞是第二个打开的。它主要的作用就是给返回舱减速，减速伞先呈收口状，8秒后完全打开。通过减速伞，返回舱的速度从每秒200米减速到大概每秒90米。减速伞同时还可以对返回舱起到稳定的作用。减速伞工作一段时间后与返回舱分离，确保后面主伞能够正常拉出并打开。

主伞的学名叫环帆伞，整个伞面有1200平方米，是我国目前所有航天器里面最大的降落伞。它可以把载人飞船三吨的重量从每秒90米降到大概每秒七八米的速度，然后确保航天员能够平稳着陆。

在主伞完全打开后不久，返回舱内的伽马高度控制器开始工作，通过发射伽马射线，实时测量距地高度。

当返回舱快降至地面时，底部的伽马高度控制装置发出点火信号，舱上的4台反推发动机点火，产生一个向上的冲力，使返回舱的落地速度降至每秒1至2米。同时，安装缓冲装置的航天员座椅会在着陆前开始抬升，进一步减小航天员的落地冲击，实现“温柔”着陆。

航天员为什么要穿航天服

我国航天服分两种，舱内航天服和舱外航天服。横店国防科技教育园里陈列着一套舱内航天服，同样是杨利伟考察国防科技教育园时赠予的。杨利伟穿过的训练航天服也是基地的镇馆之宝。

航天服是保护航天员在太空不受低温、射线等的侵害，并提供人类生存所需的氧气的保护服。

舱内航天服是航天员在航天器发射、返回等密闭舱施压状态时必须穿的航天服，航天服所起到的作用就是为航天员创造一个能够生存的环境，提供恒温、氧气和稳定的气压。

1971年6月，苏联发射了联盟11号飞船，将3名航天员送入空间站。返回时由于返回舱设计有缺陷，比较小，坐不下三名航天员，所以当时航天局就决定让三名航天员不穿舱内压力服进入返回舱。没想到返回舱发生了空气泄漏，舱内气压很快降到了一个致命的水平。3名航天员由于都没有穿压力服，这就跟直接暴露在太空没区别。40秒后，他们死于缺氧和体液沸腾。悲剧发生后，各国航天局都增加了规定，要求航天员上升、返回段必须穿上舱内航天服。

我国航天员使用的舱内航天服，包括头盔、压力服、手套、靴子、通风和供氧软管等。其主要特点是在充气加压时，人在其中时全身处于一个均匀大气层的环境下，确保航天员生命安全。

舱内航天服比较笨重，净重达20斤，造价百万元，每一套舱内航天服都是根据执行任务的航天员的尺寸量身定制的。

神舟十三号航天员翟志刚、王亚平在太空出舱时穿的则是舱外航天服，舱外航天服相当于一个小型的载人航天

器，因为它自带供电、气源、制冷和空气控制等技术，能独立实现环境控制和生命保障。舱外航天服用来隔绝航天员与外部太空恶劣的环境。因为太空中的高能粒子、超低温、辐射、微型陨石以及其他宇宙射线等问题，这一项项都会危及航天员的生命。舱外航天服还装有电子设备，比如摄像机。一件“飞天”舱外航天服造价达3000万元，重达120公斤。

基地小名片

横店国防科技教育园主要分展馆区和军事训练区两大部分，其中展馆区内设有阅兵馆、重武器装备馆、太空探索馆、现代战争馆、飞机馆、人民防空及航天发射场等场馆。

国防科技教育园先后被国家、省、市等有关部门命名为“国家国防教育示范基地”“全国青少年国防教育活动实践基地”“全国青少年爱国主义教育示范基地”等。

浙江省科技馆

在这里，我们邂逅“科学”

郑琳

去科技馆往往是一场说走就走的旅行。

坐落在杭州西湖文化广场东侧的那个巨大的金色球形影厅，是浙江省科技馆的一大标志，老远就能望见。其实，这个球幕影厅只是科技馆的“冰山一角”，在这个建筑面积近30000平方米的展馆里，还有许许多多场景式、体验式、互动式的项目。比如，那个十分逼真的“蛟龙”号载人潜水器，“躲”在一楼的角落，它能带你“沉入海底”，体验7000米深的海底世界；杨利伟乘坐过的神舟五号，“守”在一楼馆口，让你一入馆就有想“上天揽月”的冲动。

作为全国科普教育基地、浙江省科普教育基地、浙江省科学家精神教育基地，科技馆的每一处都洋溢着科学气息，而且不少还有独特的“浙江味”。

大风呼啸起，让你体会台风的一生

就在球幕影厅的隔壁，气象主题馆里，有个能够让你沉浸式感受台风威力的“台风剧场”。浙江的同学们对台风肯定不陌生，每年夏天都会有那么几个台风组团光临，所以我们一定要对这个“不速之客”有更全面的了解。

台风剧场是个圆柱形的“大桶”，墙面上布置了360度环形屏幕，6台激光投影仪将逼真的台风画面打满屏幕，场内还设置了6台动感座椅。

当我们在环形大屏幕上看到大风呼啸而来的时候，能同时感受到迎面刮过的阵阵冷风！原来剧场的天花板里藏有吸风口，能形成上升气流。接着画面中的广告牌从房顶被吹落，路上的汽车都稳不住阵脚，而我们屁股下面的座椅也跟着震动起来，仿佛真的要被台风吹走。最后，剧场里下起了“雨”，水珠随着那清凉的“台风”打湿了脸。这是因为天花板上还有3个喷淋装置，模拟降水体验。

亲身体验过台风之后，我们还可以仔细看看展厅里“台风的一生”趣味科普。展厅里有一个“台风相册”，记录了历年登陆过浙江的台风过往的“英姿”；大家还能在这里了解到，台风并不是个完全的“反派”，虽然它给人类

带来了灾害，但也能“送水”驱旱、消暑降温，在保护大自然的生态环境、维持水汽和热量平衡中功不可没。

用你的意念开车，在这里不是魔法

用意念遥控玩具小车，这真的不是哈利·波特的魔法吗？

还真不是。戴上一个“意念头箍”，它会采集我们的脑电波，通过蓝牙传输到玩具车的控制器中，小车就真的开动了起来！而且，当你的注意力越集中，它的车速就越快。仔细盯着那辆小车，看它越来越快地穿山越岭，感觉自己好像真的有了魔法。

这是什么原理呢？原来，小车里的控制器能感应我们脑电波的频率。当我们精神高度集中的时候，脑电波的频率为12～38赫兹，这个波段被称为β波（压力波）；如果注意力下降，处于放松状态时，脑电波的频率会下降到8～12赫兹，这被称为α波（放松波）。就是因为脑电波频率的变化，让车速也随之发生了改变。

这个有趣的脑电波游戏来自杭州的一家创新科技企业的研发成果。

在迷你秦山核电站，你可以启动链式反应

在浙江省科技馆的二楼，有一个容易被观众忽略的“科学宝藏”，那就是核能发电模型。比起周围颜色亮丽的互动游戏和艺术科普，这台不算很大的冷灰色的机器很不起眼，但其实，这是个迷你的秦山核电站！

秦山核电站位于浙江嘉兴，赫赫有名。科技馆里的这台核能发电模型模拟了秦山核电站的核反应堆装置，观众可以通过控制台的操作，再现核能发电的整个流程。

核能发电的原理是什么呢？让中子轰击原子核使之裂变，在其裂变时不仅可以释放出更多的中子去轰击其他原子核，形成链式反应，还能释放出巨大的能量，这种能量被称为核能。

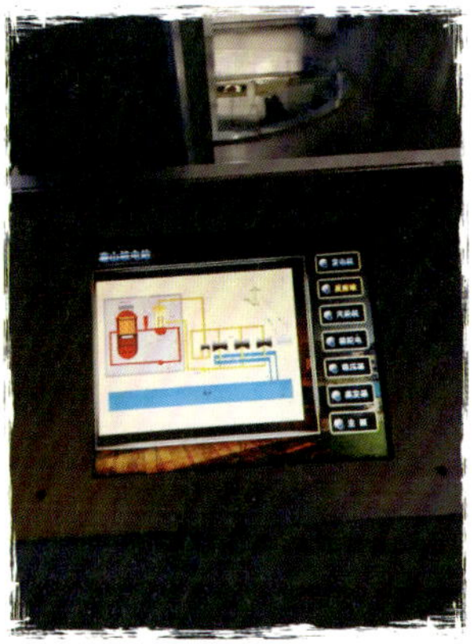

“迷你秦山核电站”有显示屏，观众在这里根据提示进行操作，就可以模拟水在主泵的推动下流过燃料组件，吸收裂变产生的热能以后流出反应堆，进入汽轮机组，在那里把热量传给水，使它们变成蒸汽，

用于发电，最后那台冷灰色的大机器上的LED灯发出绚丽的光芒，发电成功！

400余位院士的故事，值得细细品读

在浙江省科技馆二楼，你会看到一个“人”躺在平台上，身上有一台可以移动的“扫描仪”。当你移动这台“扫描仪”，就能看到“人”身上的呼吸系统、消化系统等内部器官在毒品的作用下会发生何等恐怖的变化。做完全身扫描之后，你一定对毒品的危害印象深刻。这是浙江省科技馆与浙江省公安厅禁毒总队共建的青少年禁毒教育基地。看完这个展区的内容，相信孩子们都能提升对毒品的防范意识。

在这里，我们可以邂逅更多科学。在四楼，还有一个浙江院士展区，以浙江籍和在浙江工作、学习过的院士为主线，为我们打开一扇走进科学殿堂的大门，亲身感受无私奉献的院士精神和不断探索创新的学术人生。这里有400余名两院院士的故事，值得大家仔细品读。

除了常设展区，浙江省科技馆每年都有不少特别的主题临展。比如2022年暑期推出的“科技与运动”主题展，就让观众领略了运动中的科技奥秘。在杭州亚运会的契机下，这个展览特别受游客的欢迎。在这里，观众不仅能了解到赛事场馆、直播技术、智能语言等内容，还有琳琅满目的“运动黑科技”。最有趣的是那些互动类游戏，电子竞技天赋测试、霹雳舞动感

AE、AI人工智能辅助打分系统等让大家玩得不亦乐乎。而残疾运动展区就更显高科技了，脑机接口仿生手、运动竞速轮椅、碳纤维脚等都令人大开眼界。

基地小名片

浙江省科技馆是目前浙江省内最大的综合性科技场馆，设有宇宙遨游、气象万千、海底巡礼、前沿科技、创客空间、生命奇观、能源之光、智慧结晶（机器人）、基础科学等常设展区。浙江省科技馆开展各种青少年科技培训、科普教育课程、科学传播体验、青少年科技竞赛、科普知识培训讲座等活动，打造了“科学有观”“科技馆科学院”“菠萝科学奖”“科技馆小达人”等多个品牌教育活动。

一百种梅，一百首诗，一百个字

郑琳

入冬了，此时也许是杭州植物园最静谧的时候，“岁寒三友”梅竹松即将成为植物园接下来的主角。每年去灵峰探梅是杭州人过冬迎春的一大盛事。

然而，大部分游客去灵峰探梅也许只顾对着梅花拍照，或在梅林中摆出各种拍照姿势，却忽略了遍布园区的历史文化和知识点。

先有寺庙后有梅，最老七株种于清代

在中国人的审美中，梅以“老”为美。那么灵峰上，最老的古梅有多大呢？答案是上百岁。它们是清代僧人种下的，被列为杭州市古树名木。因为刚好有七棵，排列得像北斗七星，所以这个景点叫“七星古梅”。

这七棵都是蜡梅。蜡梅花期早，是冬天里的最后一朵花，梅花花期晚，我们称其为春天里的第一朵花。但是因为地理环境的原因，这七棵蜡梅开得比较晚，和梅花花期有部分重合，产生了“二梅争艳”的奇观。这也是灵峰探梅的一大特色。

为什么七星古梅是僧人种下的呢？这就要说一说灵峰的历史了。其实，灵峰是先有寺庙，再有梅花的。北宋以前，它还不叫灵峰，而叫“鹫峰”。晋开运年间，吴越王在此建了一座“鹫峰禅院”，宋治平二年改名“灵峰寺”。传言苏东坡来此打过卡：“灵峰山下宝陀寺，白发东坡又到来。”

所以，灵峰的寺庙是千年古刹。但灵峰和梅结缘，是直到清朝才有的事。道光年间，浙江有个叫固庆的地方官主持了灵峰的首次种梅。这次盛大的活动，大家现在也能在灵峰掬月亭的石碑上看到记载，于是固庆成了“灵峰补梅”第一人。

不过，真正让灵峰成为赏梅“顶流”的是一卷《灵峰探梅图》。在咸丰年间，十多位雅士在灵峰寺聚会，由杨振藩（号蕉隐）绘水墨山水，装长卷，何方谷题“灵峰探梅图”五字，各人皆有题咏。这下，灵峰探梅彻底火了，文人墨客无不以到此打卡为时尚。据说这灵峰寺曾经有唐代的梅树，不过这只是个传说。

后来，灵峰的寺庙和梅花都毁于战火。到了宣统年间，湖州名士周庆云在灵峰补种三百株梅树，还造了“补梅庵”。现在，我们在“灵峰探梅”的匾额旁能看到一副对联：漫控翠竹扶山住，数点红梅补屋疏。这是民国名士沈钧儒写下的，点出了灵峰补梅的历史故事。

如何品梅？南宋时就有50多条标准

相信每个去灵峰探梅的游客，都会在品梅苑那块刻着硕大红色“梅”字的石头旁留下合照，也会用“长枪短炮”或手机微焦拍下绽放梅花的靓影。但许多人不曾注意灵峰暗藏的匠心。比如，在那块“梅”石旁边拍照时，有谁注意到矗立在旁的不只是艳丽的朱砂梅，还有黑松和毛竹，构成了“岁寒三友”的意象？

其实，灵峰种有一百种梅，暗藏一百首咏梅诗，还有一百位历史名人题写的“梅”字。

品梅苑是景区里唯一用围墙围起来的院子，大绿萼、垂枝梅、龙游梅、杏梅等稀有的精品梅花汇聚于此。漫步品梅苑，能见到观赏性较强的宫粉梅花，还能见到通过嫁接而成的“五色梅”。在品梅苑的长廊里，也有关于各种梅花品种、食用价值、历史文化等科普知识的介绍。

为什么叫“品梅苑”？因为梅花最早是作为果树栽培的。南宋时有一本书叫《玉照堂梅品》，提出品梅的50多条标准，总结出赏梅的绝佳环境：淡阴、晓日、薄寒、细雨、轻烟、佳月、夕阳、微雪、晚霞……

中国人对梅情有独钟。在灵峰，我们不但能看到隐藏在各处的对联、诗句，也有许多景点暗合了历史典故和咏梅诗的意境。

比如灵峰半山腰，有一处空旷的平台和亭子叫“瑶台”，这是个绝佳的赏梅点。“瑶台”得名于李白的诗句“若非群玉山头见，会向瑶台月下逢”。瑶台上还有楹联两副，其中一副是雪骨冰魂，贯耳笛声追李白；暗香疏影，抒怀诗梦念林逋。“贯耳笛声”出自李白的诗句“黄鹤楼中吹玉笛，江城五月落梅花”。

在品梅苑西侧，有一处围墙上书“百梅图”，收集历史名人名家的各种“梅”字，包括乾隆、李世民、苏东坡、陆游等篆刻在石碑上的“梅”字样本。

梅花盆景以曲为美、以老为美

植物园里有个盆栽园，这里的艺术文化氛围就更浓厚了。

梅花盆景将传统赏梅文化和盆景艺术相结合，通过园艺师的艺术加工，浓缩体现了大自然中梅的神韵和传统赏梅文化的情趣与意境。

什么样的梅花盆景才是上品呢?

要诀是：梅花要疏花点点，梅枝要虬枝偃盖、老树封苔；以曲为美、以老为美，直则无姿，密则无态。

此外还要根据梅花的品种，搭配盆景、基架，好的盆景作品更是要起一个画龙点睛的名字。

比如，有一个盆景里只有一枝细细弯曲的树枝，点缀着几朵红梅，这就是典型的“横斜一枝”“梅活一线”的佳作。你能从中品出“江南无所有，聊赠一枝春”的韵味。

有的盆景，梅花从石块中长出来，顿时有了“仙馆高寒地，孤梅石罅生。西湖千万树，何似此株清”的意境。

梅花盆景在我国有悠久的历史，梅花不仅成为中国盆景艺术的重要素材，同时盆景也成为传统赏梅文化的情趣与意境的良好展示形式。经过多年的收集和栽培，灵峰的盆栽园

已拥有大小梅桩600余盆，蜡梅盆景200盆，其规模和艺术水平在国内名列前茅，其中许多作品在历届中国梅花蜡梅展览中获得较高荣誉，在2010年上海举办的中国第12届梅花蜡梅展览会中，梅桩盆景“铁笔生辉”“孤峰独俏”“大风歌”获金奖。

基地小名片

杭州植物园是全国科普教育基地，是一座具有“科学内容、公园外貌”的综合性植物园。园内建有14个专类园区，截至2021年，收集、保育国内外植物物种6000余种（含品种），各类盆景、盆栽植物2000余盆；建有国家级石蒜种质资源库、浙江省省级荷花睡莲种质资源圃、杭州市绿化树木储备中心、杭州市新优特花卉繁育展示中心，正筹建华东地区植物种质资源库。它不仅是西湖边一座珍贵的植物资源宝库，也是植物学研究和自然科普教育领域的重要基地。

小镇里的电池巨头，揭开绿色能源神秘面纱

姜赟　邓璐佳

在湖州市长兴新能源小镇，坐落着国内领先的新能源电池企业——超威集团，作为国内新能源巨头的它也是浙江省科普教育基地。

光伏、风力是如何发电的？能源怎样被储存利用？电池是如何产生电能并被生产出来？新能源汽车的动力如何实现？对新能源产品充满好奇和疑惑的人，或许能在超威新能源科普教育基地找到答案。

能在南极和北极使用的电池，藏在18个水滴容器里

从空中俯瞰超威集团总部园区，偌大的新能源广场被“X”形道路分为四个部分，广场的设计借鉴了莫比乌斯环的灵感，寓意着新能源的循环利用。

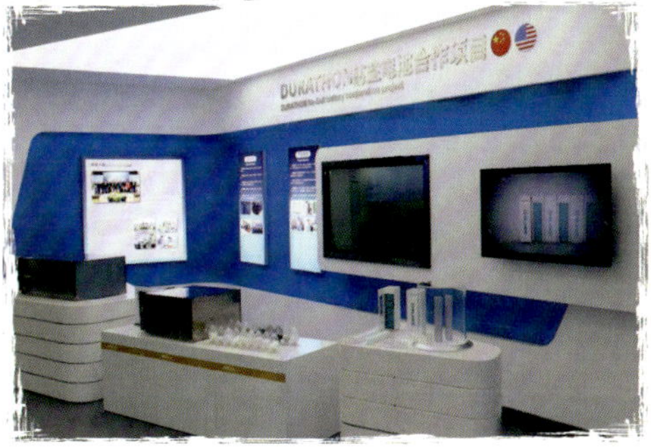

广场融合了现代园林景观欣赏功能与新能源实景体验功能于一体，还有风能、光伏能等新能源的采集设备，前来参观的人在这里可以近距离观察绿色能源的采集方式。

靠近广场中心的位置设有6台风力发电机，每天都在不停地旋转，将风能转化为电能。发电机旁有几块大小不一的光伏板，每一块板都以45度的姿势“仰望”天空，充分接受太阳的光照，和风力发电机一起为园区路灯供电储能。

穿过新能源广场，进入超威集团展厅内部，各种型号、规格、用途的新能源电池产品遍布眼前，包括铅酸蓄电池、锌镍电池、锂离子电池、起停电池、铅碳电池、氢燃料电池等，其中一些是我们熟悉的，但大部分都是比较神秘的。

其中有一款电池尤为突出，它是超威集团与美国通用电气公司合作生产的国内首款钠盐电池实物模型。展台上整齐地排列着18个水滴状的透明容器。讲解员告诉记者，这里面装的全是该产品的原材料。每个产品前后要经过极片制作、电芯组装等上百道复杂的工序。钠盐电池集安全、环保、低成本等众多优势于一身，不仅循环寿命长，而且在-40～60℃的环境下依然能正常工作，因此在南极和北极等地区也能使用。

自主研发的新能源物流车，长得像一只加菲猫

进入展厅，首先便是“能源篇”展区，我们可以了解到太阳能、化学能、生物能等全球主流能源的分布与发展前景，以及新能源移动能源、固定能源事业发展的广阔天地与应用领域。

继续往前走，展区陈列了一辆辆特殊的展品。有新能源物流车、物流摇摆车、换电柜、新型电动自行车、电动摩托车。据讲解员介绍，不少产品远销欧洲和美洲的10多个国家和地区。

最吸睛的是一辆橘黄色的电动汽车，它是超威集团自主研发设计的新能源物流车，小巧精致的外观，鲜艳夺目的色彩，加上俯冲式腰线使得整车极具动感。它很好地融合了工业设计与美学，大方美观且优雅灵动。主色调采用超威集团主色——橙色，结合猫科动物的造型，充满科技感。从正面看，它拥有一张生动形象的“猫脸”。

“它是做什么用的？”“我可以上去体验一下吗？”“它看着好像一只加菲猫。”……如此新奇的造型吸引了不少小朋友的关

注，大家纷纷围在讲解员身边你一言我一语地提问。

随着展区的深入，我们仿佛置身于巨大的电池柜模型应用场景中，看到了缩小比例的长兴城市未来储能发展沙盘模型等。

只见钠盐电池的储能柜在展厅一处发出湛蓝的光芒，隐约可以看到钠盐电池在柜体里整齐陈列着，发出阵阵轻微的机器蜂鸣声。特别的是，它是一个真正的储能柜，拥有完整的储能系统，主要通过峰谷电差在深夜储存电力，白天将储存的电能供展厅照明。

联合中小学推出比赛，满墙都是天马行空的作品

在展馆一隅，有一面绘画作品墙格外引人注意，专门展示孩子们对新能源的畅想，大大小小加起来有20幅左右，每年都会更新作品。每年，超威集团都会举办以新能源为主题的创作大赛，鼓励县域内中小学校的孩子们积极参加，然后把优秀的作品装裱好并挂在主题墙上进行展示。

在作品中，孩子们描绘了在“超威”的所见、所听、所感，也发挥了自己对新能源天马行空的想象。色彩强烈、构图大胆、造型抽象，给人以视觉上的冲击，这些作品充

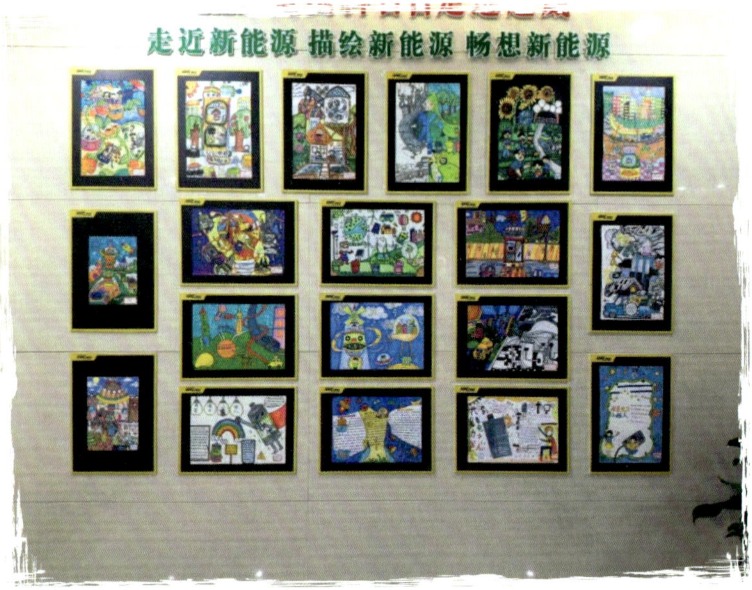

满了童真和童趣，让每个路过的参观者都忍不住驻足观赏。

长期以来，超威集团紧跟国家科技创新战略，连续多年坚持在全国“科普日”“科普周”期间联合县域多所中小学校，主办以“新能源科普”为中心的形式多样的科普教育主题品牌活动。从2014年开始，超威集团陆续与长兴县画溪街道包桥中心小学、蓝天学校、小浦镇中心小学等多所学校，建立校企共建关系，连续8年组织开展了“新能源科普进校园”“走近新能源”为主题的研学、有奖征集与竞赛活动。

每年活动期间，主办方会邀请各校五年级师生走进超威绿色能源科普教育基地，探寻电池与新能源发展的秘密，同时通过绘画、演讲、征文、创意制作、科学家大讲堂等活动形式，让孩子们在参与的过程中领略科技发展的无穷魅力。

在双碳战略实施的大背景下，人们渴望一种清洁的、环保的，能够维持人类与环境和谐相处的能源。其实大自然早就给出了它的答案，无尽的阳光、永动的风，这些新能源的开发、利用与储存形成了人类的未来。

基地小名片

超威集团绿色能源科普教育基地场馆坐落于长兴画溪新能源小镇，拥有科普教育展厅、科技中心、生产中心和新能源广场。其中主展馆占地面积1380平方米、广场占地面积14000平方米、生产与科技中心占地面积28000平方米，用于宣传电池工业发展与运用、能源演变史、能源的利用、未来能源发展方向等科普知识。

这是超威集团开展科普教育工作的阵地，也是将超威发展成果与大众新能源科普知识传播融为一体的现代化绿色新能源展示馆。

杭州人心中的“北山街迪士尼”

郑琳

老杭州人总是习惯性地把杭州青少年活动中心称为“少年宫”。坐落于断桥旁黄金地段的本部，是很多70后、80后杭州人的童年回忆，被誉为“北山街迪士尼”。这是20世纪90年代杭州孩子必打卡的地方。即便现在已经大变了模样，走进昭庆寺里街那个巷子，仿佛仍然能听见当年最火爆的“登月火箭”启动的声音。

当年少年宫的兴趣班名额，从诞生开始就一票难求。如今的青少年活动中心的兴趣课程已经全面升级，从文学思维到书画美劳、从体育健康到体验实践、从亲子早教到国际文化、从文艺舞蹈到科技学能，八大类别200余门兴趣课程，内容丰富得让很多选择困难症家长无从下手。

仅科技学能类课程就有九大类25门课程，从编程到机器人全方位覆盖。而科技梦开始的地方，还要数历史最悠久的模型课。

从幼儿园开始，这里包你“玩”到大

少年宫的模型课，那是能勾起不少杭州人青春回忆的东西。70后、80后的“大叔”们在年少的时候，谁没有玩过几个飞机模型。如今这批“大叔”的娃也到了动手做模型的年纪，他们把下一代也送进了少年宫，两代人一起体验童年。

在科体楼里，模型课老师的办公桌是最容易找到的，因为他们的格子间里堆满了各类汽车模型和遥控手柄，不同颜色的线路从电脑、零食罐和文件的夹缝里穿行而过。

虽然汽车模型非常显眼，但老师们却并不赞同孩子们一开始就学这么复杂的作品，尤其是对年纪小的孩子们来说，首先得建立起空间感和动手能力，边玩边体会科学与艺术的奇妙结合。

在“巧手童玩班”里，幼儿园大班的孩子可以用色彩绚丽的硬纸板和简单的电路，制作一个立体手电筒。别看这只是个手电筒，它也包含了现代工程技术里非常重要的基本功。这个立体手电筒，是少年宫历史最悠久的传统绝活之一。

三年级以下的孩子可以用橡皮筋、泡沫、塑料纸做出能滑翔的飞机模型。同样，这些造价十分低廉的橡皮筋飞机也是几代人玩过的经久不衰的模型启蒙玩具。

四年级以上的学生才开始接触遥控车模型、遥控飞机模型这些复杂的内容。

但那些用材简单又安全的启蒙课程依然是最受家长和孩子欢迎的，因为在生活里就能随时找到制作模型的材料，在家里就能体验动手的乐趣。

一个孩子的工程科技之路，也许就从纸板手电筒和橡皮筋飞机模型开始。

最“出圈”的模型作品，是用吸管做的

模型课里最“出圈”的作品，要数用吸管做的“探月轨道”。这个作品“廉价”到让人瞠目。粗一些的是奶茶吸管，细一些的是椰汁吸管，吸管就是构成“探月轨道”的唯一材料，连一个大头针都不用。

经过孩子们的巧手，这些吸管有了翻天覆地的变化：圆形盘旋的轨道，阶梯式降落的轨道、交叉式套叠的球形轨道……而扮演“探月舱”和“空间站”的，是乒乓球。乒乓球按照预设轨道到达目的地，寓意航天器的在轨航行。

有一些特别厉害的学生，还制作出了弹跳部分，可以让乒

乓球从一个轨道跳到另一个轨道，模拟“变轨”。这是一个如此低成本，却饱含科技、艺术与工程内涵的设计，以至于它在2013年的杭州文博会上大放异彩，参加比赛的选手有146名，吸引超过3000人次参观。

2014年，这个吸管“探月轨道”登上了全国科技周，并且吸引到航天员王亚平点赞。当时，她已经执行完神舟十号航天任务，成为我国首位太空教师，火遍神州大地。看到来自杭州的小学生做的这个巨大的吸管“探月轨道”，王亚平兴奋地跟孩子们交流起来，留下珍贵合影，也给他们种下了航天梦。

2022年王亚平再次飞上太空，登上全新的中国空间站。当年那些和她一起玩“吸管轨道”的小学生中间，是否也会诞生出新一代航天人？

智能车当道，成就“10后”孩子们的天下

如今少年宫的模型课，在保留传统“海陆空”模型的同时，也全面升级了。

3D打印和三维设计成为新时代的宠儿。就在2021年杭州市中小学生科技节上，计算机三维设计竞赛有13个区县85支中小

学队伍共170人参加。

现在的三维设计课上，老师会让学生学习建模软件，小学三年级以上的孩子只需要有一定的空间想象力和对形状的基本认知，就能掌握好这类软件，在电脑里迅速建模。

孩子们的学习能力往往让老师们惊叹。有一位四年级的小朋友，把家里的一台造型复杂的玩具车，在电脑里建模了出来，再通过教室里的3D打印机打印成型。这些小小建模师里，也许就藏着未来的汽车设计大师。

智能车也是当下最火爆的科技项目。让模型小车在规定的赛道上自主躲避障碍物，模拟“无人驾驶”的情景，这集中运用了计算机、现代传感、信息融合、通信、人工智能和自动控制等技术，是个高新技术综合体。

在少年宫的科体楼里，有专门为智能车设计的赛车场地。孩子们自己设计的小车遇到“行人”可以及时避让，行驶到红绿灯区域又能识别灯光并做出反应，就像真正的无人驾驶智能车一样。

当ChatGPT横扫全球，这些从小和玩具智能车打交道的“10后”孩子，未来能不能驾驭人工智能的时代？

基地小名片

杭州青少年活动中心，前身系杭州市少年宫，成立于1958年。由杭州青少年活动中心主办的杭州市中小学生科技节活动，自1997年起每两年组织一届，被评为“全国中学中职科技创新示范竞赛”，服务触角覆盖全市近700所学校近100万名学生。科技节活动包含中小学生计算机编程竞赛、中小学生FPV无人机竞速赛、机器人竞赛、智能机器人FLL工程挑战赛、车辆模型竞赛、航空模型竞赛、航海模型竞赛、无人机编程挑战赛、计算机三维作品设计竞赛、天文知识技能竞赛、创客大赛等活动。

温州种子种苗科技园

种下一粒种子，等待它完成生命的“旅行”

陈素萍

一粒种子，可以是什么？可能是日常餐桌上的香甜米饭，可能是炎热夏天里的一口西瓜，还可能是超市货架铺陈的琳琅果蔬。久居城市的人们，也许对各种蔬果并不陌生，但却不一定了解它们是如何从一粒种子成长而来的。

国以农为本，农以种为先，种业是农业的“芯片”。茄子紫了，玉米甜了，西瓜和南瓜长胖了，顶花披甲的黄瓜挂满了架，各种颜色的番茄疯狂抱成团……在这个充满生机的季节，温州种子种苗科技园里，新鲜待摘的各种瓜果蔬菜让人眼前一亮，仿佛整个世界都鲜活了起来。

种下一粒种子，等待它完成生命的旅行。数不尽的种子与种苗，从温州的这个园区发往各地生根结果，生命在这里孕育，并且生生不息。

每年培育5000多位新农匠，吸引年轻人回乡筑梦

“种苗对温度和外界条件要求这么高呀！”“我们经常吃到的水果蔬菜原来是这样生长的啊！”“好新鲜的番茄，好想摘一个尝尝呢。”……随着工作人员的介绍，一群小学生发出阵阵惊呼，娇嫩欲滴的新鲜瓜果勾起了馋虫，让他们个个垂涎三尺。

种子种苗科技园是温州中小学生农类研学路线的热门选择。亲眼看到水稻、番茄、花椰菜、甜玉米等农作物的种植培育过程，孩子们在寓教于乐中学习知识，吸收养分，在心里种下一颗“科创农业”的种子。

在这里成长的，远不只种子，除了前来参观的小学生，这里还有不少忙碌的大学生的身影。作为涉农类创业人才孵化器，以及温州科技职业学院产教融合的实训基地，种子种苗科技园还肩负起培育农创人才的职责。

该园将教学与实训相结合，设有农业设施工程和科教区、畜禽区综合工程两部分。园内配有智慧大棚，为学生创业创造条件，打造出教学型基础技能实训基地、岗位专业技能实训基地、开放性公共技能实训基地。

农业人才的培育是现代农业发展的重中之重，目前温州科技职业学院每年向社会培育、输出5000多位智慧新农匠，吸引广大新农人来此学习、创业创新，先后孵化小蜗农庄、无土栽培工作室、无人机飞防工作室、蓝莓开发团队、天使花房工作室等以学生为主体的创业工作室。

温州农耕文明发源地，科技园位于两处遗址之间

藤桥，位于鹿城西部，距温州市中心车程半小时左右。数千年来，戍浦江在鹿城区藤桥镇内日夜奔流，这里的江岸，是温州市区最早有人类活动的地方。

东瓯故地，这片土地上分布着诸多遗址。屿儿山遗址考古发掘项目被评为“2019年度浙江省考古重要发现”，展示了4000多年前瓯越族群先民的生产生活场景。古代的屿儿山是一个小岛，现在种植水稻的大片平原地区都处于海平面以下。距离屿儿山遗址不到5千米，仅几分钟的车程，就是曹湾山遗址，中间经过云岭村、中河村、垟岸村、林山新村等。

鹿城区两处发掘的重要史前遗址都集中在藤桥，可见藤桥是温州先祖们最早选择生产生活的

地区之一。其中，屿儿山遗址中发现植物遗存约90粒，其中水稻12粒、小穗轴45粒，据此还可以证明，这一带是温州农耕文明的发源地。

温州种子种苗科技园，位于藤桥镇枫林岙、樟村、方隆村的交界处，就在屿儿山与曹湾山的中间。遗址见证了瓯地先人的厚重历史，现如今，“七山二水一分田”的温州，正奔跑在乡村振兴的大道上，并焕发着全新的魅力。

“你们肉眼可以望到的地方都是我们的基地。”温州种子种苗科技园工作人员随手一指，成片成片的花田、瓜田落入眼帘，一个又一个的大棚接连不断，草木葱郁，绿油油的一片，令人心旷神怡。同时，在温室大棚里，有最新科技的种植设备、喷洒技术、无土栽培种植，处处体现着现代科技与农业的高度融合。

甘之如饴潜心育种，“甜玉米1号”你吃过吗

教学实训、示范推广、创业孵化、文化体验，除了这些，种子种苗科技园最重要的使命还有“品种选育”。

在温州种子种苗科技园，温州科技职业学院玉米育种团队守护着一片80亩的玉米选育示范基地，从播种、出苗，到授粉、成熟，团队成员全程介入。

2007年，团队成功选育出甜玉米新品种“金玉甜1号”，并于2010年通过国家审定。随后的五年里，“金玉甜1号”跻身浙

江省甜玉米主导品种，该品种系列现已完成“金玉甜6号”的研发，成为温州玉米市场的“金字招牌”。

“用自己的种子，种自己的玉米。”团队负责人潘彬荣始终坚信，要加快科技自立自强，牢牢攥紧“中国种子”，把更多良种撒向广袤田野。

育种是一项艰辛而寂寞的事情，和潘彬荣一样，有一群“温科人”对此却甘之如饴。种芯引领，科技强农，种子们也得“一较高低”。

荣获2021年度“温州市十大杰出青年”称号的宰文珊，被称为“番茄西施”，先后选育“瓯秀”等10余个番茄品种，使“苍南越冬番茄”成为浙江省乃至全国现代农业高质量发展的标杆，年产值逾10亿元。

连续多年担任温州市科技特派员的朱建军，每年三分之二的时间都奔波在山区五县山路上，主持选育并审定通过国内首个金线莲新品种“健君1号”后，帮助平阳建立了温州市唯一经省级认定的林下道地药材金线莲种植基地，建立林下仿野生种植“一亩山万元钱”模式。

2023年，温州科技职业学院助力温州乐清散养土鸡“雁荡麻鸡”成功入选“国字号”家禽遗传新资源，这是开展群体继代繁育、扩繁种群数量的成果……

基地小名片

温州种子种苗科技园由温州市人民政府批准立项投资，由温州科技职业学院（温州市农业科学研究院）承担建设。现有面积7.88×10^5平方米，累计投入近2亿元。现拥有浙江温州国家农业园区、国家级“星创天地”、浙南作物育种重点实验室、浙江省农业科技园区等多项国家级、省级科研平台和创新创业平台。

国家特种设备安全科普教育基地

戴上VR眼镜，体验“特种”安全

林辰辰　朱科晖

什么是特种设备？乍听之下，以为和我们距离很远，只有专业人士才会用到。但来到浙江省特种设备科学研究院（以下简称“省特科院”）国家特种设备安全科普教育基地（海宁基地），你会发现，各式各样的特种设备贯穿我们的生活，并关乎社会发展和人民生命安全。

日常到每天乘坐的电梯，每次去游乐场玩的过山车，看风景的客运索道、观光车；重要到大港口搬运吨位级货物的起重机，影响电力工业发展的锅炉，供气的压力管道……特种设备就在我们身边，是我们生活的重要基础设施，也是国民经济重要的基础设备。

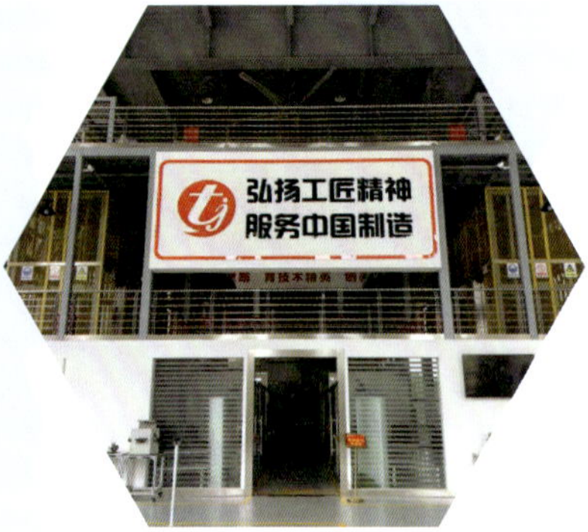

截至2022年底，全国特种设备总量已达1955.25万台，并且还在不断增加。省特科院海宁基地是全国首个国家特种设备安全科普教育基地，也是全国唯一的科普普法“双普”基地。在这里，你可以看见几乎所有样式的特种设备，仿真体验、拟真模型、实验参观等各种可视可感的展陈模式……可以说，每个特种设备“小白”来这里逛过一圈，都能对专业知识细数一二，铭记“安全”二字的重要性。

戴上VR眼镜，体验“特种”安全提示

系上安全带，戴上VR眼镜，随着机器启动，身体缓缓升空，达到一定高度，忽然急速下降，风在耳边“呼呼”地吹，人也不自觉地晃动，在一次次回环和失重感中，体验到的是游乐场坐过山车的刺激。

通过这种相对安全的真实体验，能让大家在外面游玩时牢记游乐设施的注意事项。比如，必须系紧安全带，严禁在慌乱时自行解开；幼儿游玩应有成人监护；辨别合格的游乐设施要观察是否有特种设备使用标志等。

除了室内的VR体验，这里还有室外的仿真过山车、青蛙跳、客运索道等应急救援处置演练培训系统，它用于作业人员、操作人员平时培训教学和应急救援处置演练。特种设备事故应急救援人员的技能培训，仅仅靠教室里的理论培训是远远不够的，更需要通过在模拟真实环境下的救援实操培训，才能让救援人员更加熟练地掌握复杂环境下的救援实操知识。

在5D电影放映厅，可以身临其境地感受下坠、震动、喷风，基地的吉祥物安安在动画片里化身勇士，保护小朋友战胜恶魔。

自2017年海宁基地建成启用以来，已免费接待各类现场参观者6.87万余人次，线上线下年均参观（访问）人数超10万，开创了“普法＋科普”“体验＋参观”“警示＋教育”“请进来＋走出去”“线上＋线下”相结合的立体专业化普法科普新模式。

省特科院每年都投入超300万元的展陈更新及维护费用，推动科技赋能科普，不断升级参观的互动体验感，让来到这里的青少年都能在轻松的氛围中，学习特种设备安全知识，达到“一次体验、终身受益”的普法科普目的。

在模拟场景中，体悟“重如泰山”的安全感

电梯如果忽然“坠落”，我们应该怎么做？

在电梯安全教育体验环节，随着模拟电梯不断出现急停、下降、停电等状况，讲解员告诉大家：“电梯‘坠落’可能是电梯因故障进行自动重启，开启了‘寻址’模式，最终会停靠基站，大多数位于负一楼或顶层位置。如果遇上了电梯事故，我们也可以拨打96333电梯应急处置服务电话。接到求助电话后，

监控中心会第一时间锁定群众被困电梯的位置，精准到电梯轿厢所在楼层，并迅速联系维保单位、二级电梯应急救援站，或者联系消防救援人员，让被困人员快速得

到救助。”

球罐爆炸、叉车碾轧、游乐设施自由落体……在特种设备安全警示教育中心，国内外20余个真实的事故视频，事故现场照片、事故残骸细数着触目惊心的伤亡情况，也提醒着人们在付出惨痛的代价之后，应当痛定思痛，严格贯彻“安全第一、预防为主”的方针。

特种设备常常出现在群众聚集的公共场所或大型生产车间，因此，一有不慎便会发生重大安全事故，造成巨大经济损失，也对老百姓人身财产安全带来重大威胁。我们要了解发生事故的原因，学习如何预防和避免，也要学习相关的法律法规，知法守法普法，在每一个环节上保障自身和他人的安全。

这里有流动式基地，还有网上云展馆

2013年6月29日，《中华人民共和国特种设备安全法》公布，标志着我国特种设备安全工作在更高层面上步入了法治化、规范化的发展道路。自2008年开始到2022年年底，全国万台特种设备事故率和死亡率皆逐年大幅下降。馆内数据显示，2022年浙江省共发生特种设备事故3起，死亡2人，受伤1人，造成经济损失共计293万元。同比2021年，事故减少4起、下降57.1%，死亡人数减少4人、下降66.7%。

总体稳定的特种设备安全形势需要社会各方共同的努力。在电梯门锁实验室，这里的门锁已经进行了2周20万余次的开

关闭合实验，用于验证门锁装置机械元件和电气触点的可靠性；机器人实验室里，浙江省特种设备科学研究院自主研发的大型承压设备爬壁机器人，代替检验人员更精准地对大型球罐进行打磨和性能检验，该技术填补了国内空白；电梯实训考试基地里，透明的电梯运行装置除了满足平时相关模块的培训和考试要求，也可以帮助参观者了解电梯运行规律，认识遵守安全乘坐规则的重要性。

实验室、考试培训基地、罐车检验基地、应急演练基地、安全科普教育基地等都被纳入了日常的科普参观路线，“警示＋教育＋体验”让参观者全方位地了解特种设备背后的技术、工作逻辑、检验流程等，明白安全背后的责任。

为更好地拓宽特种设备安全知识普及面，省特科院自研自制了特种设备普法科普大篷车，以“流动式基地”的形式把特种设备安全知识送进学校、企业、商场、社区、游乐园等。同时，以基地为模型，还建立了网上云展馆，通过线上线下结合，将特种设备安全知识科普辐射到全国各地，为提升全民特种设备安全素养做出了积极贡献。

基地小名片

国家特种设备安全科普教育基地由浙江省特种设备科学研究院投资建设，是全国首家以特种设备安全为主题的科普教育基地，拥有“一馆一室一中心一廊一车两基地”，是集展览、体验、培训于一体的大型综合性教育场馆，也是目前全国唯一的“双普”基地（全国法治宣传教育基地、全国科普教育基地）。

浙江省农业科学院公共实验室

窥探显微镜下“危机四伏”的微观世界

陈素萍

提到浙江省农业科学院（以下简称省农科院），很多人都知道，这是一所高大上的农业科研机构，2023年已经建院115周年。

但或许很多人不知道，这所百年名院还有不少“科普”标签：2018年，浙江省农业科学院农产品质量安全危害因子与风险防控国家重点实验室公共平台（以下简称“院公共实验室”）被认定为浙江省科普教育基地；2022年，浙江省农业科学院科研创新基地被认定为全国科普教育基地，院公共实验室为其中一个板块。

孩子们走进高精尖的实验室，学习生命代代相传的奥秘、了解遗传改良的各种技术，从小进行科学意识的启蒙；社区公众开启科普游，在游览中探寻科学的奥秘、提高科学素养，科学粉丝更是有了动手实践的机会；企业技术人员、高校研究生等群体来此培

训“充电”……被认定为科普教育基地之后，昔日神秘的科研院所，如今已经成为开放的科普资源单位。

破译基因密码，享受科学探索的无穷乐趣

树木间、绿地上，孩子们捕捉和放生种类各异的昆虫，识别各种花草树木，参观并制作标本，还亲自动手操作荧光显微镜和超景深显微镜，观看病原菌玻片，揭开病虫害的“神秘面纱”，窥见奇妙而“危机四伏”的微观世界。

为了更好地点燃孩子的兴趣，院公共实验室从流程设计、环境设计到内容设计，充分考虑了如何增加体验感，不断调整科普活动的内容形式，让活动更适合不同年龄层市民的需求。最受小学生喜欢的，除了在显微镜下观看各种微生物、昆虫的复眼/肢体外，还有在实验室内亲自动手提取遗传物质与进行营养物质测定等。

DNA是绝大部分生命的遗传物质，两条链相互缠绕，形成一个典型的双螺旋结构。它是生命的序列，上面的许多小片段构成了我们常说的“基因”，储存着一个生命孕育、生长、发育、死亡等过程的重要信息，同时也是决定生命健康的内在因素。

基因如此重要，亲眼观测真实的DNA，又会是怎样的一种体验呢？在院公共实验室，孩子们可以亲自进行DNA的提取实验。他们戴上棉手套，将自己摘取的叶子放入研钵，在老师的

指导下加入-196℃的液氮，然后就开始研磨，捣锤声响成了一片。

由于液氮的温度极低，叶片迅速变硬变脆，研磨后就变成了绿色的粉末，看起来有点像平常吃的抹茶粉，一个小朋友认真地提问：“老师，这是涂在蛋糕上的抹茶粉吗？”惹得老师们忍俊不禁，“不是哦，我们研磨叶片是为了破坏植物细胞的细胞壁，这样可以让DNA释放得更充分”。

在示范操作的工作人员身边，围满了一个个好奇的“小脑袋”。在那些平时很难见到的仪器边上，同学们还观察了进行基因扩增操作和凝胶电泳的机器。

“太开心了，这次总算有机会到实验室亲手做实验！”

“原来，听起来很‘神秘’的DNA提取并没有想象中那么难！”

孩子们七嘴八舌地发表着对实验室的热爱，享受着科学探索的无尽乐趣。因为科技含量高、互动性好，院公共实验室的活动一直好评不断，受到追捧。

设备价值不菲，研究人员很专业

首先，院公共实验室是一所科研机构。

价值300万元的等离子体质谱仪设备，约400万元的冷冻扫描电镜系统……在分子生物学、生物信息与人工智能、影像分析、代谢与蛋白组学、理化分析等5个子实验室，有各类大型科研仪器设备。借助这些价值不菲的先进设备，各个子实验室开展着各类技术服务、培训及科研工作。

这里是一个集大型仪器管理、技术服务、培训及科研于一体的综合性开放型实验室。随着社会的发展，科研机构及实验室承担的社会责任越来越重，但许多机构及实验室都面临着专业人员不足、仪器设备闲置、设备共享不足、共享机制不完善、沟通效率低下等问题。因此，省农科院组建了院公共实验室，以此来实现全院大型仪器设备的管理、技术指导、辅助操作、辅助构思和设计实验方案、主持或参与研究课题等职能。

实验室的组建，离不开精密仪器，但更值得重视的是人才队伍建设。据悉，省农科院公共实验室现有在编职工12人，博士7人，2人入选省农科院青年骨干人才项目，成员背景包括遗传学、基因组学、分子生物学、生物信息学、影像分析、理化分析等，熟练掌握各学科所涉及的各种研究方法和技术。

专业科研人员想要指导他人操作技术含量较高的仪器，说着简单，实际不容易。实验室设备资源丰富，科研人员本职工作非常忙碌。但大家都有服务社会的心思，所以在做好科研创新、科研服务的同时，科学普及工作也一直没落下。

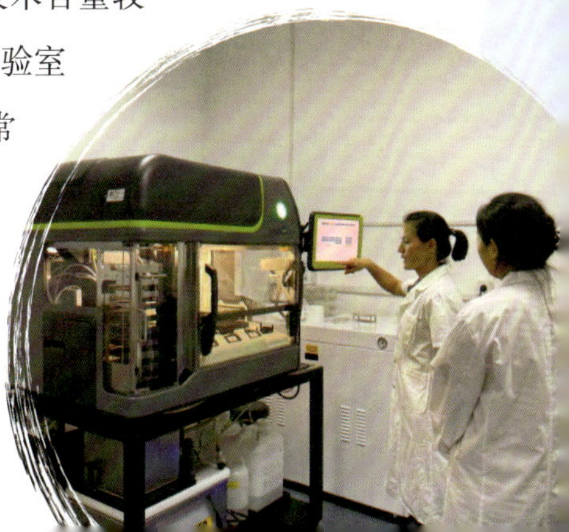

小小的实验室，折射的是浙江省农业科学院推动全民科学素质提升的初衷。作为全国科普教育基地的浙江省农业科学院科研创新基地，除了不定期组织的实验室开放日活动，还开展了农产品质量安全进社区、农产品质量安全进校园、基地开放日等科普宣讲活动，并制作了《包青天之番茄外篇》《不用植物生长调节剂的葡萄才是好葡萄？你OUT了！》《草莓长得怪怪的，怪我咯？》《黄瓜也用避孕药？》等科普视频。

基地小名片

浙江省农业科学院公共实验室筹建于2015年，于2018年4月正式运行，是一个集大型仪器管理、技术服务、培训及科研于一体的综合性开放型实验室。

来中国台风博物馆，感受真实的“风口浪尖”

朱丽珍　沈燕燕　徐子言

每到夏天，浙江人最关注的天气就是台风。

每当台风来临，岱山县的拷门、玉环市的坎门和三门县的三门，就成了三处异常凶险的“海门”，因为它们都在防御台风最重要的第一线。其中，拷门大坝在岱山县东沙镇燕窝山，全长只有450米，却被称为“浙江抗台第一坝”，这里还建有我国首个以台风为主题的气象灾害体验型科普博物馆——中国台风博物馆。

相风铜乌，见证中国古代测风技术

舟山市岱山县，海洋风光旖旎。因为地处浙江东部沿海，据统计，年均影响岱山的台风就有4.1个。

从2003年起，位于岱山西南面的“浙江抗台第一坝”上就建起了中国台风博物馆，形似舰帆，日夜守望海岛。这也是我国首个以台风为主题的气象灾害体验型科普博物馆。

在中国台风博物馆里，不仅能了解台风的生成、发展和消亡，还可以看到台风来袭时，一幕幕海岛人民自强不息、保卫家园的抗台精神的史诗长卷。

台风博物馆门口挂着的一排器具，有沙漏、圆锥、圆球、“T”形、筐子、正方体、十字架等不同形状，总能引起大家的注意。

讲解员介绍，这是“暴风警报风球”。这不是一组简单的装饰物，每个不同的风球代表着风力的大小以及影响本地的时间，在抗击台风、预报天气方面发挥着重要的作用，直到1958年后才逐渐淡出历史舞台。建馆之时，这些宝贝被重新挖掘出来，形成了博物馆门前的一道亮丽风景。

博物馆里，还有不同历史时期气象台用于台风监测、预报、预警的仪器，以及海岛人民防台抗台的传统工具、器具的展示。

比如展馆里的一台相风铜乌，形状像乌鸦，是始于汉代的一种测风器。

我国古代对风的观测始于商朝，利用旗上的飘带来观察风向，于是有了四面风的观念；汉朝开始对风的观测和仪器研究有了提高，就有了相风铜乌。当有风的时候，相风铜乌的转枢会随风转动，乌鸦头部也随之转动，头部指向的方向便是风的来向。据说这比欧洲耸立在屋顶上的“候风鸡”早了近1000年。

馆内还有退役的达因风仪，是能自动测定瞬时风向风速连续变化的仪器。在19世纪末至20世纪中叶，达因风仪是国内外气象机构观测台风的利器。这台达因风仪原安装于嵊泗县气象站，用于舟山渔场大风监测预报服务，1956年8月就曾监测到了登陆象山的17级高能台风。

走入台风体验仓，体验风雨大作、巨浪滔天

台风到底有多厉害？讲解员讲解前，会让参观者先看看博物馆对面的一座“珍珠山”。虽然称作“山”，但其实只有20米左右高。原本最高处是一处气象观测基站，如今已经改成了瞭望平台。风平浪静之时，可以登顶眺望；但当台风来临，掀起的海浪足以拍打到山顶，可以想象台风的威力。博物馆里，站在一面迎着大海的玻璃墙边，也能直观感受海浪的拍打。

可以说，浙江每一年都会遭遇台风，2006年的“桑美”、2021年的“烟花”……关于近些年曾给浙江带来不小影响的台风，馆内都有视频等介绍。

如果想更真实地体验台风的骇人威力，可以去博物馆里的台风体验仓体验。

目前馆内使用

的体验仓，是2022年4月博物馆重新开放后设置的，一次能进入12人，配备全天候大型仿真模拟系统，可以根据红、橙、黄、蓝等不同等级的风力预警信号，按照风力等级进行模拟。

近6分钟的体验，集声、光、电、三维、同步特效技术于一体，能够真实模拟呼啸而来的风和铺天盖地的浪，让参观者身临其境地感受风雨大作、巨浪滔天。

博物馆还将人们对台风的感观与现实生活进行了连接。

大厅里，抬头可见气象云屏，以及巨大的台风卫星云图，从国家的风云卫星、气象站收集数据，到后期数据整理、质量控制，再到对数据进行处理，并根据预报模型建立大气状态，最后进行预报和处理……气象监测是一套复杂的系统，随着科技进步，用于台风等监测的机器也越来越精密。

140个名字，代表着世界各地的台风

台风博物馆所涉海洋、气象、水利等知识专业性强，科普宣传又需掌握一定的技巧性和知识面，怎样才能使参观者受到生动、详尽的科普教育？

目前，台风博物馆共有讲解员5名，在讲解时，会将大家感兴趣的话题，用有互动性的环节一一串联。

在台风博物馆，哪怕门口一块相貌平平的石头，也能说出一段故事。

讲解员说，2004年8月，台风“云娜”过境时，海浪把这

块巨大的石头从海洋刮到了博物馆门前。巨石重达5吨，需要十多个成年人才能搬动。而2021年台风“烟花”过后，在原地“待”了17年的巨石，往前位移了20余米至现在的位置，并在地面上留下了明显的痕迹。从一块石头的出现、位移，可见两次台风的风力之巨大。

夏季一直是台风博物馆参观的高峰期，学生团和老人团更多，平均每天有五六百人。

在参观时，有些问题会“高频”出现。台风是怎么形成的？台风的名字是怎么来的？讲解员会一一解答。

全世界每年有80～100个台风，由14个国家和地区各提出10个名字，组成一张含140个名字的台风命名表。中国提出的“悟空”“玉兔”等，都带有浓浓的东方神话色彩。台风命名表上的140个名字会循环使用，但像“云娜”等对人类破坏太过严重的台风，则会被“除名”。

除了台风基本知识外，讲解员还会介绍防台风的一些注意事项、安全知识和灾后应对知识。比如在台风来临前，准备充足的生活用品，配备水、手电筒、应急药品等必需品。渗透式科普在提升群众防灾减灾意识的同时，也潜移默化地滋养他们对气象科普的兴趣。

基地小名片

中国台风博物馆是全国气象科普教育基地、全国海洋科普教育基地、全国首批国家气象科普基地。博物馆从认识台风、防台抗灾、台风体验等三个篇章，通过图文、实物、影像、沉浸式体验仓等多种展示手段，让观众身临其境地了解台风形成、发展的原理，台风的破坏力和防御手段等。

绍兴市柯桥区气象灾害体验活动中心

在地球里看地球，探索气象奥秘

朱丽珍　周晓燕

远古人类是怎样预测天气的？风是怎么来的？人工降雨是怎么实现的？对于神秘莫测的气象，人类总是抱有满满的求知欲和好奇心。

气象变化，其实不只是专业机构才能预测。傍晚低飞的蜻蜓，变幻无常的云朵……生活中的这些点滴细节，其实都与天气变化有关。

在绍兴市柯桥区气象局里，有一处气象灾害体验活动中心，在这里，除了可以了解气象科普知识外，还能站在地球里看“地球”，动手体验人工增雨的有趣，真切感受全球气候演变。

风云变幻中，认识身边的气象

“朝霞不出门，晚霞行千里”“喜鹊枝头叫，出门晴天报”“天上钩钩云，地上雨淋淋”……一句句气象谚语，从侧面反映了天气与人们生活之间的密切联系。

到底什么是气象？一到暑假，不少绍兴的中小学生会到气象灾害体验活动中心来找答案。

柯桥区气象灾害体验活动中心位于柯桥区气象局内，中心配备的十多位气象科普讲解员都是来自区气象局的工作人员，兼职义务讲解。他们专业知识过硬，可以开展气象知识、气象灾害等自然科学知识教育。

当然，讲解的过程，并不只有枯燥的硬知识。活动中心设有很多气象知识展板。什么是大气环流？全球气温是怎么分布的？这里都有相应的介绍。为了增加趣味性，讲解员还会延展很多气象知识，你会发现，气象并没有那么高深莫测。

一朵朵千姿百态、变幻莫测的云朵，就隐藏着不少天气秘密，涵盖了很多气象知识。云朵就好似天气“招牌”，挂着什么样的云，就将出现对应的天气——波纹状的卷积云，海拔在5000～8000米，预示天气晴朗；乌暗的积雨云，往往会带来强风暴雨、雷鸣和闪电；飘浮在低层的雨层云，灰蒙蒙的一片，是一场长时间大雨的预报……通过介绍一朵云，讲解员引导参观者观察生活中的细节，捕捉关于气

象的那些秘密。

除了随处可见的云朵，中小学生熟知的二十四节气里，也蕴含着四季变化的自然规律，立春万物起始、惊蛰春耕大忙、处暑气候变凉……在讲解中，通过互动提问，可以让参观者了解四季更迭，昼夜更替。

来参观时，相比懵懂好奇的小学生，很多初中生会带着课本中的疑问来找答案。他们好奇，天气现象出现在大气层中的哪一层？当飞机进入平流层飞行时，是不是就不会碰上打雷下雨？针对同学们的这些问题，讲解员会围绕大气圈和大气环流等气象知识进行介绍，还会结合当下的热点，比如台风等气象灾害进行科普。

互动游戏里，感受有趣的自然天气

除了气象知识介绍，在柯桥区气象灾害体验活动中心，更受欢迎的是一个个互动游戏和科学小实验。在各种有趣的自然现象体验中，常常伴随着此起彼伏的惊呼声。

骑单车大风体验，可以踩着脚踏车，感受不同等级的风力，风力越大，骑行阻力就越大；“人工增雨”游戏

前常常排起长龙，体验者可以移动鼠标，对准强降水云团，按下“炮弹”发射按钮，模拟人工降雨的全过程，会发现原来不是什么云都可以打下雨来；通过摇动手柄，参与“蝴蝶效应”游戏，发现大气的“画像”难以捕捉，这就能理解为何天气预报不是百分之百准确……

活动中心的一个大大的球体，总会引起不少人的好奇。这个球有什么用？其实，这个球体是一个球面展示系统，小球里有个大大的世界，通过4个角度的投影，可以动态显示地球、月球、火星等不同星球，还可以展示大气、海洋及陆地等影像，驻足观看，通过不断变幻的演示图像能直观地感受气象变化。

活动中心还设置了一个能容纳20人左右的小规模5D影院，戴上专门的眼镜，参观者就能完全沉浸在逼真的气象模拟环境当中，雪崩、山洪……伴随着各种自然灾害的演示，仿佛有雪球、洪水扑面而来，加上适时的灯光、风、雨滴等元素，身临其境地体验不同的气象灾害。在演示天气现象环节，眼前出现了冰晶，真实到让小朋友们以为就在眼前，总是会伸出双手去触碰。

每场20～30分钟的展示，不仅是让大家沉浸式感受暴风、雷电、台风等气象灾害，更希望大家懂得灾害的预防和应对，时刻提醒自己，保护环境，爱护地球，激发对环境保护的关注和责任感。

科普课堂上，传播更多的气象奥秘

气象科普不仅要请进来，还要走出去。

在柯桥区的一些学校里，常常会出现这样的一幕：一堂堂别开生面的气象科普课堂上，气象专家围绕着一个气象主题，开展科普讲座，为学生们介绍海洋、气候和大气的基础知识，及其与人类生产、生活之间的密切关系。除了线下的课堂外，还以网络直播的形式，让更多人能同步观看。

通过整合科普场馆资源，发挥科普基地效益，创新开展气象科普研学、气象专家上门服务，精准投放教课资源等活动，柯桥区气象灾害体验活动中心助推气象科普向城市书房、校园气象站、文化礼堂气象科普点延伸。

《“柯小黑”战记》系列气象科普视频、《保护气象探测环境》法制视频、《柯桥区气象灾害避险指南》视频、柯桥气象灾害体验活动中心VR视频等，都是活动中心结合实际研发的科普特色产品。此外还创新制作编写《柯桥区气象灾害防御指南》《数说柯桥区气候特征》等本地特色资料近10种；根据学生年龄差异、地域差异，量身定制科普内容；“节气中的校园农耕”精品课程、二十四节气长廊、气象科普讲堂云直播，都是一堂堂别开生面的气象科普课。

在此基础上，气象灾害体验活动中心还在城市书房设置气象科普服务点、气象专栏书架，定期组织讲座，播放气象科普电影，为城乡学校打造课后学习场所；在汛期等时间节点，组织留守老人等在文化礼堂等进行气象知识讲座，让防灾减灾知识更深入人心。

基地小名片

绍兴市柯桥区气象灾害体验活动中心涵盖气象灾害展示与体验活动站、国家气象观测站、柯桥地震观测台、自然物候观测场、气象预报业务平面、气象主题公园等六大科普活动场所，中心面积约12000平方米，其中展厅面积800平方米，一次可容纳200余人参观。被评为绍兴市科普教育基地、浙江省科普教育基地、全国气象科普教育基地。

全球首家低碳主题科技馆，见证杭州“低碳城市”进程

姜赟　刘蕙旻　胡轶慧

杭州国家高新技术产业开发区矗立着全球第一家以低碳为主题的大型科技馆——中国杭州低碳科技馆（以下简称“低碳馆”）。不少家长和孩子来这里参观，在全球变暖展厅了解气候变化，在低碳城市展厅体验交通工具的碳排放，在碳的循环展厅探索地球碳循环的奥秘……

自然界的碳循环是怎么进行的？全球变暖会产生哪些危害？如何践行低碳生活？这些问题都可以在这里找到答案。

一座馆就是一件环保展品，节能科技无处不在

中国杭州低碳科技馆展示了很多有意思的和环保相关的展品，其中最大的一件展品就是低碳馆建筑本身。

作为杭州绿色建筑的典范之一，低碳馆因地制宜地采用了建筑综合遮阳应用、自然通风系统设计、太阳能光伏建筑一体化、峰谷电价与冰蓄冷技术、绿色智能控制技术、日光利用与绿色照明技术等十大节能技术，已获得住房和城乡建设部颁发的“三星级绿色建筑标识证书”，是国内第一家获得此项认证的科技馆。

低碳馆是怎样照明的呢？低碳馆屋顶安装了3200平方米单晶硅光伏组件，总装机容量0.4兆瓦，设计年发电量约为40万千瓦时，采用“自发自用，余电上网”运行模式并入电网。低碳馆的办公室、走廊、卫生间等场所共有44套导光筒。这些导光筒可以直接将太阳光导入室内，作为日常照明。

低碳馆是怎样控制室内温度的呢？馆里采用的冰蓄冷系统，一个夏天能比常规中央空调节约近30万元的电费。该系统的原理就是利用夜间谷电进行制冰和蓄冰，白天进行融冰供冷。

在节能上，低碳馆可谓用心良苦，每一扇窗，每一面墙，都有环保考量。通过绿色节能设计，建筑整体节能率达到64%。低碳馆展示着杭州这座绿色城市在低碳节能方面的不懈探索，在高质量建设低碳城市道路上的持续行动。

碳元素竟是“元素之王”，约占人类体重的18%

走进展馆二楼，映入眼帘的是“碳的循环”展厅。展厅的设计元素以石墨为主，层层围绕上升，象征着人们对碳的认识也在不断上升。展厅主要包括“地球上的碳”“碳在自然界中的循环”“人类如何利用碳”“人类活动对碳循环的影响”四个部分。

碳，对于很多小朋友来说是个很常见的词。它是一种非金属元素，在元素周期表中排第六位，被称为“元素之王”。碳以多种形式广泛存在于大气、地壳和生物之中。常见的有含碳的矿物，比如常见的建筑材料石灰岩、白云石等物质；化石燃料，比如石油、煤、天然气等；单一碳元素所组成的单质，像同学们常用的铅笔芯内就含有石墨，是一种结晶形碳，再比如寓意美好爱情的钻石，也是由碳组成的。

走到“碳与生命”展项前，碳形状外观的透明建筑瞬间吸引了大

家的眼球。现代科学研究显示，人类体重约18%来源于碳。人体除了水以外，剩下的主要就是以碳为骨架的化合物，上面蕴藏着DNA、蛋白质、糖等物质。如果说水是我们的生命之源，那么碳就是支撑生命存在的“顶梁柱”，牢牢地撑起了生命演化的前行之路。

而在“碳的形成与存在”视听室里，一群小朋友正躺在躺椅上，观看着穹顶的科普影片，不时为碳的悠久历史而惊叹。很多人以为，碳是现代社会才发现的元素，其实并不是。有科学家认为，宇宙大爆炸让整个宇宙从一个密度极高、体积极小的点分裂成质子、中子、原子核等各种物质，这些物质相互结合而形成的元素中就有碳。

公共自行车编号800001，见证杭州低碳历程

“低碳城市”展厅，主要体现了现代城市与碳之间的紧密联系，其中“低碳城市与交通”部分很有特色。这里设置了自行车、火车、汽车、飞机和轮船等五大常用交通工具的仿真模拟，小朋友们可以在工作人员的指导下借助这些工具来

测试同样距离下不同出行方式的碳排放量和人均碳耗，体验不同驾车习惯对碳排放的影响，以此深刻理解绿色出行的理念。

杭州医学院的退休教师董加生已经在这里做了五年的志愿者了。春来冬往，她不厌其烦地为每一批到馆的青少年学生讲述着环保故事——“看到那辆自行车了吗？这辆车可是大有来头的。它的编号为800001号，是2008年杭州推出公共自行车租赁后，正式投入使用的第一辆自行车。它在被使用了7000多次后光荣退役，目前被展馆收藏。”

随着环境的不断恶化，碳排放逐渐成为大家生活中日益关注的话题。低碳馆人气最高的展厅就是“全球变暖”，暑假期间几乎每天展厅门口都排着长队。整个展厅有1600平方米，小朋友们可以乘坐竹筏，借助3D影像技术，依次经历美丽的家园西湖、城市蔓延、冰川融化、燃烧的大地、极端天气等场景，切身体验全球变暖带来的后果。

在低碳馆里，随处可见杭州的低碳措施和成果。杭州是全国率先提出建设“低碳城市”，培育“低碳产业”，打造“低碳经济”，倡导“绿色出行”的先锋城市。2008年，临安启动全球首个“毛竹碳汇”项目，通过种植50公顷的毛竹林，在项目实施的20年内可以吸收15000吨二氧化碳；2010年，推行的“垃圾分类”政策，用分发垃圾袋、垃圾分类积分制、互联网＋垃圾上门回收等措施，让居民们逐渐形成低碳环保的意识，也让未来的杭城建设添几分绿色生活的生机。

基地小名片

中国杭州低碳科技馆是全球第一家以低碳为主题的大型科技馆，是集低碳科技普及、绿色建筑展示、低碳学术交流和低碳信息传播于一体的公益性科普教育机构，也是青少年了解低碳生活、低碳城市、低碳经济的“第二课堂”。

钱江源国家公园体制试点区

世外桃源般的原始森林

朱丽珍

252平方千米，拥有大面积集中分布的中亚热带低海拔原生性常绿阔叶林，这里被称为“中国的亚马孙雨林”。

壮观的低海拔常绿阔叶林，是历经千百万年的变迁，这里还是国家I级保护野生动物黑麂和白颈长尾雉的集中分布地，也是全球长柄双花木天然分布连片面积最大的种群地之一，物种古老、区系多样，绿洲孕育着无数生灵。

作为浙江省母亲河钱塘江的主要发源地和重要的水源涵养地——钱江源国家公园是首批“全国科普教育基地”。

藏在深山里的科普馆

亚热带丛林里藏着什么样的秘密？豹猫准备捕食树上的鸟雀、大野猪带着小野猪觅食、石头旁留下蛇蜕下的皮……栩栩如生的标本、逼真复刻的自然场景，都能在钱江源国家公园科普馆里看见。

钱江源国家公园科普馆位于钱江源国家公园苏庄片区，占地约5000平方米，六个展厅里有1800余个虫鱼鸟兽等各类动植物、菌类生物标本。

这里创造了多个全国领先——我国以国家公园为主题的最大的科普馆、拥有我国最大仿真亚热带常绿阔叶林展厅、国内标本种类最丰富的展馆之一。

钱江源国家公园科普馆聚焦“亚热带丛林里的奥秘”主题，围绕“钱江源国家公园的常绿阔叶林”这一核心景观，构建了逼真的森林生态系统复原场景，充分展示钱江源国家公园的自然生态系统、珍稀动植物多样性等，打造具有特色的自然森林类科普教育场馆典范。

这里介绍了国家公园的由来、名字起源，以及全球国家公园的传播状况，还有10个中国国家公园体制试点区情况。

在标本展示区，飞禽走兽的生物标本映入眼帘。好多参观者会被一只巨大的亚洲黑熊吸引目光，其实这不仅是展示，背后还有守护生态的真实案例——不久前，国家公园的红外相机就首次拍摄到了一大两小“三熊同

框”的画面，讲述着钱江源物种繁衍、竞争和嬉戏的故事。

据了解，试运营一年以来，入馆观众突破了3万人次，如今场馆已进入全面开放阶段。这座隐藏在深山里的科普馆，成为孩子们探寻亚热带森林奥秘的“快乐天地”。

这里有一群“农民科学家”

穿上迷彩服，换上胶底鞋，背上双肩包，村民的身份之外，他们还有另一个重要标签——生物多样性监测技术员。

层峦叠嶂云雾绕，虫鸣鸟啼花草香。生在大山，长在茂林，古田山下土生土长的农民，对这片神秘的区域了解得却并不多——只能用土话叫出百来种树名，更不知道黑麂粪便与小麂粪便的区别。

钱江源国家公园自体制试点以来，与中国科学院植物研究所、中国科学院动物研究所、北京大学、浙江大学等高校科研单位，陆续开展了钱江源国家公园全域植物多样性监测、黑麂科学研究与保护、红外相机网格化监测等近30项科研项目，需要大量监测样地建设、红外相机安放、粪便采集等工作人员。

为解决人员问题，钱江源国家公园管理局邀请专家对社区居民进行动植物物种识别、野外监测设备使用、动植物样品采集等生物多样性监测方法和技术规范培训，从中择优录取，协助开展生物多样性基础科研工作。

这群人，也被称为“农民科学家”，包括需要上山安放红外相机的野外操作人员，也包括能识别植物物种、按照技术规范野外采集动物粪便的工作人员。

比如中国科学院植物研究所钱江源站在钱江源国家公园内建立的240000平方米亚热带常绿阔叶林动态监测样地，需要对14余万个胸径大于等于1厘米的木本植物个体进行坐标定位、物种鉴定、胸径测量等调查。熟悉地形的当地农民成了好帮手，在投影面积24公顷的山地中建立起精密的坐标系。通过培训和现场讲解，目前已组建27人的“农民科学家”队伍，参与钱江源国家公园科研工作，最长的已工作了十余年。

他们用脚步丈量这里的每一寸土地：大样地的幼苗监测和树木生长监测，一年2次；保护区的红外线自动相机更换位置，一年三次……最长时一天要在山里走上二三十千米。

如今古田山1375种种子植物中，有人能一眼辨识300多种植物，还能叫出学名；280多台实时监控的红外相机，捕捉到珍稀动物活动的画面越来越多，其中不乏白颈长尾雉、白鹇、中华鬣羚、黑麂、黑熊等。

除了“农民科学家”，社区居民还可以通过培训成为博物馆讲解师、自然教育师，为研学团队讲解、实地体验等服务。目前钱江源国家公园科普馆的十几名工作人员，大多来自周边村镇的村民，其中就有3名本地讲解员为参观者讲解家乡的生态和物种、保护与发展。

体验真实的生态之旅

既要保护生物多样性、保护生态安全屏障，也要实现可持续发展，自然教育能让公众在亲身体验中更加直接、全面地了解赖以生存的美丽家园，感受探索保护和研究工作之间的关系，激发对国家公园的认同感。

钱江源国家公园研学课程体系的定位和特色，是森林生态、植物科学家体验，目前已推出中国科学院研究站体验、国家公园奇妙夜自然观察、跟着“农民科学家”探访古田山、实验室动手测验、走访保护地古村落等活动，并把国家公园一线的生态研究工作，转化成青少年可以直接参与和体验的研学课程。

钱江源管理局投入资金和人力，开发了课程教材教具，在遵守国家公园规定的情况下开展教学活动。目前已与衢州市区、开化本地中小学校、研学机构合作，实施普惠性的自然教育服

务，每年组织约3000名开化学生到钱江源国家公园进行科普教育；编撰出版儿童教材《咱们的国家公园——钱江源国家公园》，在试点区范围内 7 所小学设立每周一次的国家公园课程，让更多人能享受到“自然课堂”资源。

值得一提的是，2020年钱江源国家公园数字标本馆暨植物识别App正式上线，针对钱江源国家公园2000种常见植物，筛选了200万张鉴定较为准确的素材照片训练人工智能植物识别引擎，将其与“钱江源国家公园数字标本馆”对接，实现物种鉴定、观察数据上传积累等功能。

世外桃源般的原始森林，一幅幅人与自然和谐共生的美丽画卷正徐徐展开。

基地小名片

钱江源国家公园体制试点区地处开化县，面积约252平方千米，包括古田山国家级自然保护区、钱江源国家森林公园、钱江源省级风景名胜区等3个保护地，以及连接以上自然保护地之间的生态区域，入选第一批全国科普教育基地。

后　记

在各方面的努力下，凝聚编者科普初心的《跟着科学去旅行：走读浙江省科普教育基地》一书与大家见面了。全书记录了32个全省科普教育基地的走访见闻，给读者展现了浙江大地科普事业的勃勃生机。

浙江人杰地灵，有着深厚的科学文化底蕴和丰富的科普资源。在浙江省科学技术协会的积极推动下，至今已有国家级、省级、市级科普教育基地千余个，且数量还在不断增长。从远古到当代，从太空到深海，从历史到自然……只要走进去，大家就会发现，这些科普教育基地的知识涵盖面是如此广博，内容如此丰富，不仅可观看、可触摸，还可以互动，它们从不同角度展示了人类科学的发展历程，蕴含人类未来前进的方向，是浙江省面向公众科普的宝贵财富和重要窗口。

浙江省科普工作一直在不断开拓创新，尤其重视对青少年的科普。2023年5月26日，浙江省第十四届人民代表大会常务委员会第三次会议审议通过了《浙江省科学技术普及条例》，明确支持科普教育基地建设，提出中小学校应当每年有计划地组织学生参观科普场馆、科技创新基地、科普教育基地等场所，将科学素质纳入学生综合素质评价。

教育“双减”政策实行以来，各地中小学校科学素养教育已经蔚然成风，更多学生走出课堂，走进科技馆、博物馆、科普教育基地等科普场所，开展学习和实践活动。全省各地科普教育基地也积极行动起来，以全新的面貌，为中小学生提供了丰富的“第二课堂”科学打卡地。

为了让更多公众和青少年走进科普教育基地，了解科学知识，学习科学方法，提升全民科学素养，浙江省科学技术协会和潮新闻·钱江晚报共同策划推出了“行进中的科学”大型科普人文系列专栏，记者们历时近一年，踏足浙江省11市，以“走读”体验的形式，采写了省内部分科普教育基地的精彩科普故事，在钱江晚报、潮新闻连续刊发，获得了无数点赞。

传播科学知识、传承科学精神，是本次大型科普人文系列专访行动的初心和目的；以人文的视角看科普，则是这组文章的最大不同之处。和单纯的知识性介绍不同，作者在走读科普教育基地的写作过程中，是带着情怀实地去听、去看、去感受的，从每个基地展示的一图一物中，从里面陈列的老照片、老物件中，感受科学发展的变迁和科学家精神的传承，感受科技改变生活的力量，以此激发青少年学习科学、探究科学的兴趣。

科学从来都是动态的，而不是静止不变的。随着大科学时代和开放科学时代的到来，科学研究范式不断创新，科学普及的重要性日益凸显。希望广大青少年读者能从本书“行走”的文字中感受科学魅力，并有所收获。

本书的顺利出版，要感谢浙江省科学技术协会科普部的统筹和大力支持，为我们提供了方向性的指导意见；感谢潮新闻教科体中心记者们的科普热情和一丝不苟的工作，撰写了本书的稿件；感谢全省各市（县）科协的积极配合，为采写提供了各种帮助，让我们感受到全省基层科普工作的蓬勃发展和积极创新的良好氛围；同时也要感谢浙江科学技术出版社的编辑们，为本书做了精美的编排和设计。

我们尤其要感谢中国工程院院士、浙江省科学技术协会副主席、浙江省科学技术协会常委会科普专委会主任李家彪老师，对我们这项科普工作的充分肯定和鼓励，并欣然作序，把本书推荐给更多的读者。

由于篇幅有限，书中只收录了省内部分科普教育基地。为了方便读者了解更多信息，我们提供了全省国家级、省级、市级科普教育基地的最新检索名单，随书赠阅。相信广大青少年读者能充分利用好这些遍布浙江各地的科普教育基地，走进科学殿堂，感受科学力量。

本书编委会

2023年10月

国家级科普教育基地

序号	基地名称	所在市	地址
1	大地之野天空之城青少年营地	杭州市	杭州市临安区天目山镇天目山景区
2	杭州动物园（少儿公园）	杭州市	杭州虎跑路40号
3	杭州口腔医院	杭州市	浙江省杭州市上城区平海路57号
4	杭州青少年活动中心	杭州市	杭州市西湖区昭庆寺里街22号
5	杭州市计划生育协会会员之家	杭州市	杭州市上城区惠兴路2号
6	杭州市水利科普馆	杭州市	杭州市运河西路180号
7	杭州长乔极地海洋公园	杭州市	杭州市萧山区湘湖路777号
8	杭州植物园	杭州市	杭州市西湖区桃源岭1号
9	农夫山泉寻源水文化科普基地（万绿湖）	杭州市	公司位于杭州市，基地位于河源市源城区中兴大道与横二路交叉口西约140米
10	味全品牌体验馆	杭州市	杭州市江干区下沙银海街468号
11	小营·江南红巷	杭州市	杭州市上城区小营巷57号
12	浙江大学科普教育基地	杭州市	杭州市西湖区浙江大学紫金港校区东三楼122室
13	浙江理工大学（理学院科普教育基地、丝绸博物馆、教育部重点实验室、文旅部重点实验室）	杭州市	杭州市下沙高教园区2号街928号
14	浙江省黄龙体育中心	杭州市	杭州市西湖区宝石社区黄龙路1号
15	浙江省科技馆（浙江省青少年科技活动中心）	杭州市	杭州市西湖文化广场6号
16	浙江省特种设备科学研究院	杭州市	杭州市凯旋路211号/海宁市尖山新区凤凰路77号
17	浙江中医药大学科普教育基地	杭州市	杭州市滨江区滨文路548号
18	浙江自然博物院	杭州市	杭州市西湖文化广场6号
19	中国杭州低碳科技馆	杭州市	杭州市滨江区江汉路1888号
20	中国湿地博物馆（杭州西溪研究院）	杭州市	杭州天目山路402号
21	德清地理信息科技馆	湖州市	湖州市德清县舞阳街道云岫南路609号

续表

序号	基地名称	所在市	地址
22	长兴“金钉子”国家级自然保护区	湖州市	湖州市长兴县煤山镇葆青山麓（煤青公路旁）
23	浙江长兴扬子鳄省级自然保护区	湖州市	湖州市长兴县泗安镇管埭尹家边村（南门）
24	中南百草园科普教育基地	湖州市	湖州市安吉县递铺街道三官村
25	嘉兴碧云花园	嘉兴市	嘉兴市嘉善县大云镇缪家村碧云路1号
26	秦山核电科技馆	嘉兴市	嘉兴市海盐县秦山大道金城路口西
27	浙江省农业科学院科研创新基地	嘉兴市	嘉兴市海宁市许村镇报国村正西方向100米
28	寿仙谷有机国药基地	金华市	金华市武义县白姆乡源口水库脚下
29	浙江师范大学科技馆	金华市	金华市婺城区迎宾大道688号
30	景宁畲族自治县畲族博物馆	丽水市	丽水市景宁县鹤溪街道人民南路350号
31	宁波海洋世界	宁波市	宁波市鄞州区桑田路936号
32	宁波科学探索中心	宁波市	宁波市宁穿路1800号（宁波文化广场Ⅲ区）
33	宁波大学附属第一医院	宁波市	宁波市海曙区柳汀街59号
34	宁波市奉化区滕头学生社会实践基地	宁波市	宁波市奉化区滕头村
35	宁波中国港口博物馆	宁波市	宁波市北仑区春晓街道港博路6号
36	周尧昆虫博物馆（宁波市鄞州区文保中心）	宁波市	宁波市鄞州区日丽西路336号
37	钱江源国家公园体制试点区	衢州市	衢州市开化县齐溪镇西莲线
38	绍兴科技馆	绍兴市	越城区洋江西路528号
39	绍兴市气象台	绍兴市	绍兴市越城区凤林西路1515号
40	浙江“米果果小镇”	绍兴市	诸暨市山下湖镇解放村米果果小镇
41	龙源电力集团股份有限公司温岭江厦潮汐试验电站	台州市	台州市温岭市坞根镇下楼村232号
42	三门核电有限公司公众科普展厅	台州市	台州市三门县三门核电有限公司
43	台州海洋世界	台州市	台州市椒江区广场中路38号
44	台州市科技馆	台州市	台州市椒江区爱华路118号

续表

序号	基地名称	所在市	地址
45	苏步青励志教育馆	温州市	温州市平阳县腾蛟镇腾带村励志路
46	温州科技馆	温州市	温州市鹿城区市府路481号
47	温州市学生实践学校	温州市	温州市瓯海区潘桥街道福州路1111号
48	温州医科大学眼健康科普馆	温州市	温州市鹿城区学院西路270号
49	雁荡山博物馆	温州市	温州市乐清市雁荡镇松溪大道78—79号
50	浙江海洋大学海洋生物博物馆	舟山市	舟山市定海区临城街道海大南路1号
51	中国台风博物馆	舟山市	舟山市岱山县东沙镇燕窝山拷门大坝

省级科普教育基地

序号	基地名称	所在市	地址
1	阿U少儿科普创作中心	杭州市	杭州市萧山区湘湖金融小镇二期南岸9号楼
2	安恒信息网络安全科普教育基地	杭州市	杭州市滨江区联慧街188号安恒大厦
3	东方通信科普教育基地	杭州市	杭州市滨江区东信大道66号
4	杭州博物馆	杭州市	杭州市上城区粮道山路18号杭州博物馆
5	杭州富春江水电博物馆	杭州市	杭州市富阳区东洲街道大岭山路228号
6	杭州工艺美术博物馆	杭州市	杭州市拱墅区桥弄街36号
7	杭州世界钱币博物馆	杭州市	杭州市江干区西子国际A座31楼
8	杭州市富阳区镬子山气象文化科普公园	杭州市	杭州市富阳区恩波大道158号
9	杭州市艮山中学	杭州市	拱墅区刀茅巷258号杭州市艮山中学
10	杭州市京杭大运河博物馆	杭州市	杭州市拱墅区运河文化广场1号京杭大运河博物馆
11	杭州市临平区科技馆	杭州市	杭州市余杭区临平街道沿山路45号
12	杭州市南宋官窑博物馆	杭州市	杭州市上城区南复路60号
13	杭州市上城区彩霞岭科教中心	杭州市	杭州市上城区彩霞岭5号
14	杭州市消防救援支队特勤大队	杭州市	杭州市江干区彭埠镇云峰社区112号
15	杭州市萧山区青少年素质教育实践基地	杭州市	杭州市萧山区红山农场东
16	杭州市长阳小学	杭州市	杭州市拱墅区广业街299号
17	杭州王星记扇业有限公司	杭州市	杭州市拱墅区长板巷118号
18	杭州西湖博物馆	杭州市	杭州市南山路89号
19	杭州西溪国家湿地公园	杭州市	杭州市余杭区五常街道访溪路郎家湾
20	杭州野生动物世界	杭州市	杭州市富阳区杭富路九龙大道1号
21	杭州长乐青少年素质培训有限公司	杭州市	杭州市余杭区径山镇长乐径山路18号

续表

序号	基地名称	所在市	地址
22	兰里基地	杭州市	杭州市西湖区三墩镇华联村蒋家斗26号兰里田园学校
23	良渚博物院	杭州市	杭州市余杭区良渚街道美丽洲路1号
24	良渚古城遗址公园	杭州市	杭州市余杭区凤都路与104国道交叉口西北200米
25	清大科瑞细胞生物学科普教育基地	杭州市	杭州市萧山区经济技术开发区桥南区块鸿兴路111号2号楼5楼501室
26	赛孚城	杭州市	杭州市拱墅区石桥街道兴业街27-2号楼
27	天子岭环境教育基地	杭州市	杭州市拱墅区临半路90号
28	萧山机器人小镇	杭州市	杭州市萧山经济技术开发区鸿兴路389号
29	新联航空科普中心	杭州市	杭州市建德市寿昌镇经济开发区航空小镇新联航空科普中心
30	浙江农林大学科普教育基地	杭州市	杭州市临安区武肃街666号
31	浙江省农业科学院公共实验室	杭州市	杭州市石桥路198号
32	浙江省清凉峰国家级自然保护区	杭州市	杭州市临安区昌化镇唐昌街710号
33	浙江省血液中心无偿献血科普教育基地	杭州市	杭州市滨江区建业路789号201
34	浙江亚博凯康基因细胞科普馆（基因健康科技馆）	杭州市	杭州市西湖区石祥西路859号A座基因小镇2楼
35	中国水稻研究所杭州富阳区少年农科校	杭州市	杭州市富阳区富春街道水稻所路28号
36	安吉生态博物馆	湖州市	湖州市安吉县东庄路2号
37	超威电源有限公司绿色能源科普馆	湖州市	湖州市长兴县画溪工业功能区城南路18号
38	德清蚕乐谷蚕桑科普教育基地	湖州市	德清县莫干山镇高峰村西兴31号
39	德清大禹生态园	湖州市	德清县禹越镇三林村委西南200米
40	德清县欧诗漫珍珠博物院	湖州市	德清县阜溪街道珍珠街99号
41	德清县气象科普馆	湖州市	湖州市德清县武康街道春晖公园1号
42	地学科普教育基地	湖州市	湖州市环渚路666号

续表

序号	基地名称	所在市	地址
43	蜂状元蜜蜂文化科普教育基地（长兴意蜂蜂业科技有限公司）	湖州市	湖州市长兴县林城镇华兴东路1号
44	和也健康睡眠科普教育基地（和也健康科技有限公司）	湖州市	湖州市安吉县孝丰镇竹产业科技创业中心6、7、8、9、10幢
45	湖州荻港徐缘生态旅游开发有限公司	湖州市	湖州市南浔区和孚镇荻港村
46	湖州电力教育博物馆	湖州市	湖州市青太路999号
47	湖州市科学技术馆	湖州市	湖州市吴兴区仁皇山路999号
48	湖州市清泉文武学校自然科学探索园	湖州市	湖州市长兴县夹浦镇父子岭村清泉文武学校
49	湖州市食品药品检验研究院	湖州市	湖州市吴兴区八里店镇蜀山路1899号
50	湖州市特种设备检测研究院特种设备科普基地	湖州市	湖州市安吉路299号
51	湖州市质量技术监督检测研究院茧丝科普教育基地	湖州市	湖州市吴兴区中兴大道599号
52	湖州太湖龙之梦乐园	湖州市	长兴太湖图影旅游度假区龙之梦集团
53	湖州原乡自然科普学院	湖州市	湖州原乡假日小镇6号楼
54	加州农业阳光生态园	湖州市	德清县莫干山镇高峰村高南线
55	莫干山云起萤光水森林生态园	湖州市	湖州市德清县莫干山北湖村上下庄（在·云起琚）
56	天能集团绿色能源科普馆	湖州市	湖州市长兴县画溪工业功能区包桥路18号
57	天桥检测科普教育基地（湖州市吴兴区童装产品质量检测科普教育基地）	湖州市	湖州市吴兴区织里镇阿祥路1088号D座3楼
58	五谷丰登科普示范基地	湖州市	湖州市安吉县孝丰镇潴口溪村
59	长兴县教育实践中心科普教育基地	湖州市	湖州市长兴县画溪街道姚家桥村前渚自然村77号
60	长兴县气象台气象科普教育基地	湖州市	湖州市长兴县双拥路618号
61	浙江梁希国家森林公园	湖州市	湖州市吴兴区道场乡施家桥村附近浙江梁希国家森林公园

续表

序号	基地名称	所在市	地址
62	浙江戎创浪漫山川国际营地	湖州市	湖州市安吉县山川乡大里村大里畈自然村
63	浙江省淡水水产研究所	湖州市	湖州市吴兴区康山街道杭长桥南路999号
64	浙江省德清县莫干山陆有仁中草药博物馆	湖州市	湖州市德清县武康镇舞阳街1001号
65	浙江圣氏167·养生密码园	湖州市	湖州市安吉县递铺街道康山工业园区
66	“天梦苑”航天科普基地	嘉兴市	嘉兴市平湖市独山港镇赵家桥村
67	歌斐颂巧克力小镇	嘉兴市	嘉兴市嘉善县大云镇巧克力大道9号
68	海宁欣农生态农业有限公司	嘉兴市	嘉兴市海宁市袁花镇新袁村新袁路55号
69	海盐县零碳屋	嘉兴市	嘉兴市海盐县武原街道海滨东路37号海滨公园内
70	海盐县秦山镇万奥农庄	嘉兴市	嘉兴市海盐县秦山街道北团大道188号
71	嘉善尚品农业科普教育基地	嘉兴市	嘉兴市嘉善县魏塘街道长秀村港7号
72	嘉善县气象防灾减灾科普馆	嘉兴市	嘉兴市嘉善县罗星街道站前路59号
73	嘉兴安全教育互动体验馆	嘉兴市	嘉兴市秀洲区东升西路1700号
74	嘉兴博物馆	嘉兴市	嘉兴南湖区海盐塘路485号
75	嘉兴电力博物馆	嘉兴市	嘉兴市环城西路671号
76	嘉兴国防科普文化馆	嘉兴市	嘉兴市秀洲区王店镇建林村米科军旅园
77	嘉兴市梅花洲休闲农业与乡村旅游示范园	嘉兴市	嘉兴市南湖区凤桥镇三星路10号梅花洲景区
78	嘉兴市气象科普基地	嘉兴市	嘉兴市新气象路589号
79	嘉兴喜悦农业科技有限公司	嘉兴市	嘉兴市南湖区七星街道潭湘路喜悦公社
80	嘉兴学院“陈省身纪念馆”	嘉兴市	嘉兴市南湖区越秀南路56号嘉兴学院
81	平湖市科普活动中心	嘉兴市	嘉兴市平湖市当湖街道新华南路1083号
82	桐乡市博物馆	嘉兴市	嘉兴市桐乡市环园路399号

续表

序号	基地名称	所在市	地址
83	桐乡乌镇STEAM青少年科创基地	嘉兴市	嘉兴市桐乡市乌镇镇环河东路2118号
84	秀洲光伏科技馆	嘉兴市	嘉兴市秀洲区康和路1288号嘉兴光伏科创园1#楼1803室
85	浙江清华柔性电子技术研究院	嘉兴市	嘉兴市南湖区嘉兴科创CBD17号楼
86	浙江清华长三角研究院总部院区科普教育基地	嘉兴市	嘉兴市南湖区大桥镇亚太路705号创新大厦A座3层
87	浙江神龙湾生态建设集团有限公司科普教育基地	嘉兴市	海宁市斜桥镇华丰村祝森路（神龙湾生态园内）
88	嘉兴市农业科学研究院	嘉兴市	嘉兴市秀洲区王江泾镇双桥
89	浙江省节能环保绿色能源教育基地	嘉兴市	嘉兴市平湖市乍浦镇长安桥村
90	浙江展铁通用航空有限公司	嘉兴市	嘉兴市桐乡市石门镇墅丰村董家桥组展铁航空基地
91	中国虫草博物馆	嘉兴市	嘉兴平湖经济开发区新群路1938号
92	大盘山博物馆	金华市	金华市磐安县安文街道中田村
93	东阳市中国木雕博物馆	金华市	东阳市白云街道世贸大道180号
94	东阳市妇幼保健院科普教育基地	金华市	金华市东阳市吴宁东路40号
95	横店圆明新园·动物乐园	金华市	金华市东阳市横店镇圆明路333号
96	金华龙宝动物园有限公司	金华市	金华市双龙南街延长线（安地镇）
97	金华市科技馆	金华市	金华市金东区燕尾洲金华之光文化广场
98	金华市木版年画博物馆	金华市	金华市金东区塘雅镇
99	兰溪市博物馆	金华市	金华市兰溪市兰江街道横山路11号
100	兰溪市青少年宫	金华市	金华市兰溪市聚仁路116号
101	磐安县风崖谷植物多样性科普教育基地	金华市	金华市磐安县尚湖镇岭干村
102	磐安中药材博览馆	金华市	金华市磐安县新城区药乡东路556号
103	森山铁皮石斛科普教育基地（浙江森宇有限公司）	金华市	金华市义乌市四海大道111号
104	上山考古遗址公园	金华市	金华市浦江县黄宅镇上山村姓周98号
105	浙高运公司养护病害学堂	金华市	金华市东永高速永康东高速出口

续表

序号	基地名称	所在市	地址
106	浙江横店影视城有限公司	金华市	浙江省东阳市横店镇国防科技园
107	浙江金华雄猫猪猪两头乌产业发展有限公司	金华市	金华市婺城区长山乡古长路1177号
108	艾莱依COOL科技馆	丽水市	丽水市莲都区东地路2号艾莱依总部大楼
109	百山祖自然博物馆	丽水市	丽水市庆元县百山祖镇车根村林学路1号
110	河阳古建筑科普教育基地	丽水市	丽水市缙云县新镇镇河阳村河北路14号
111	华东药用植物园	丽水市	丽水市莲都区城北街11号
112	缙云黄龙科普教育基地	丽水市	丽水市缙云县五云街道雅施村黄龙景区内
113	景宁畲族自治县城市展览馆	丽水市	丽水市景宁县鹤溪街道人民南路350号
114	丽水电力科普馆	丽水市	丽水市中东路699号
115	丽水市百兴真菌科普教育基地	丽水市	丽水市碧湖镇采桑路808号
116	丽水市博物馆	丽水市	丽水市大猷街30号
117	丽水市鱼跃酿造食品有限公司	丽水市	丽水市碧湖镇碧云街862号
118	龙泉市宝剑厂科普教育基地	丽水市	丽水市龙泉市大沙工业区
119	青田县石雕博物馆	丽水市	丽水市青田县欧南街道江南大道136-1号
120	庆元县博物馆（香菇博物馆、廊桥博物馆合并）	丽水市	丽水市庆元县石龙街1-1号、庆元县咏归路6号
121	水域救援科普馆	丽水市	丽水市大均乡泉坑村
122	遂昌金矿矿山公园有限公司	丽水市	丽水市遂昌县濂竹乡花园岭附近
123	浙江九龙山国家级自然保护区管理局（宣教馆）	丽水市	丽水市遂昌县妙高街道平昌路258号
124	浙江省第七地质大队	丽水市	丽水市莲都区三岩寺路省第七地质大队
125	慈溪市科技馆	宁波市	宁波市慈溪市白沙路街道科技路909号
126	国网慈溪市供电有限公司企业文化展示中心	宁波市	宁波市慈溪市三北大街238号

续表

序号	基地名称	所在市	地址
127	宁波（北仑）生态文明教育馆	宁波市	宁波市北仑区长江南路292号
128	宁波大学海洋生物陈列馆	宁波市	宁波北仑区七星南路169号
129	宁波大学园区图书馆	宁波市	宁波市鄞州区钱湖南路928号
130	宁波海洋研究院实践创新基地	宁波市	宁波市北仑区七星南路358号
131	宁波明州环境能源有限公司	宁波市	宁波海曙区洞桥镇宣裴村裴岙
132	宁波市（杭州湾）青少年学生实践基地	宁波市	宁波杭州湾新区天宝路258号
133	宁波市奉化爱歌顿农场	宁波市	宁波市奉化区西坞街道山下地村
134	宁波市奇点机器人体验馆	宁波市	宁波市余姚市凤山街道安山路175号
135	宁波市生命科学科普教育基地（宁波希诺赛生物科技有限公司）	宁波市	宁波市海曙区段塘西路188号3号楼
136	宁波市鄞州区气象科普教育基地	宁波市	宁波市鄞州区气象局天童南路1858号
137	宁波天宫庄园	宁波市	宁波市鄞州区下应街道湾底村
138	宁波田园牧歌农业发展有限公司	宁波市	宁波象山县定塘镇小湾塘白鹤基
139	宁波卫生职业技术学院人体生命科学馆	宁波市	宁波市鄞州区学府路51号
140	宁波野生动物园有限公司	宁波市	宁波市鄞州区东钱湖镇宁波野生动物园
141	宁波植物园	宁波市	宁波市镇海区庄市北环东路1188号宁波植物园
142	宁海县青华科技培训学校	宁波市	宁海县力洋镇科教路18号
143	上林湖越窑国家考古遗址公园	宁波市	浙江省慈溪市越窑路1999号
144	7号梦工场－鄞州区大学生（青年）创业园	宁波市	宁波市鄞州区学士路655号
145	影视特效科技体验馆（象山影视城开发有限公司）	宁波市	宁波市象山县新桥镇象山影视城
146	余姚市河姆渡遗址博物馆	宁波市	浙江省宁波市余姚市河姆渡镇芦山寺村
147	中国防空博览园	宁波市	宁波市镇海区沿江东路170号
148	光大环保能源（衢州）有限公司	衢州市	衢州市绿色产业集聚区高新片区红鹰路28号

续表

序号	基地名称	所在市	地址
149	红盖头科普教育基地（浙江红盖头农业科技有限公司）	衢州市	衢州市江山市贺村镇广联路28号
150	江山江郎山景区	衢州市	衢州市江山市石门镇江郎山村江郎山景区
151	江山市青少年素质教育拓展中心	衢州市	衢州市江山市上余镇坞房山1-7号
152	龙天红木小镇科普教育基地	衢州市	衢州市龙游县湖镇镇曹垅村西侧
153	衢江区青少年活动中心	衢州市	衢州市衢江区求真路545号
154	衢州第二中学科普教育基地	衢州市	衢州市浮石路307号
155	衢州国际旅游集团有限公司药王山景区	衢州市	衢州市衢江区黄坛口乡黄泥岭村
156	衢州盛世莲花农业观光园	衢州市	衢江区莲花镇西山下村
157	衢州市博物馆	衢州市	衢州市柯城区开明坊9号
158	衢州市中小学素质教育实践学校	衢州市	衢州市柯城区航埠镇文化路84号
159	浙江江山恒亮蜂产品股份有限公司	衢州市	衢州市江山市虎山街道中山路107号
160	浙江龙和水产养殖开发有限公司	衢州市	衢州市龙游县龙洲街道白坂村龙和渔业园
161	中国·根艺美术博览园	衢州市	衢州市开化县芹阳办事处根博路1号
162	中国观赏石博览园	衢州市	衢州市常山县青石镇水南村底铺157号
163	达利丝绸（浙江）有限公司	绍兴市	新昌县南岩高新技术开发区达利发路1号
164	柯桥区气象灾害体验活动中心	绍兴市	柯桥区气象局群贤路762号
165	乐航人工智能体验馆	绍兴市	诸暨市陶朱街道唐三路19号
166	盘古化石馆	绍兴市	柯桥区柯桥古镇景区
167	绍兴金沙旅游发展股份有限公司（东方山水）	绍兴市	绍兴市柯桥区柯岩街道鉴水南路118号
168	绍兴乔波冰雪文化展馆	绍兴市	柯桥区柯岩街道柯南大道2168号
169	绍兴市镜湖国家城市湿地公园	绍兴市	绍兴市越城区解放大道
170	绍兴市镜湖湿地自然科学博物馆	绍兴市	绍兴市镜湖湿地儿童乐园内
171	绍兴市柯桥区青少年宫	绍兴市	柯桥区群贤路2512号
172	绍兴市农业科学研究院	绍兴市	绍兴市越城区皋埠镇敬宾路180号

续表

序号	基地名称	所在市	地址
173	绍兴市人民医院临床技能培训中心	绍兴市	绍兴市中兴北路568号
174	绍兴市上虞博物馆	绍兴市	绍兴市上虞区曹娥街道逸园路26号
175	绍兴市上虞区竺可桢中学	绍兴市	绍兴市上虞区东关街道环城西路2号
176	绍兴文理学院化学与新材料科普基地	绍兴市	绍兴市环城西路508号
177	嵊州市气象科普教育基地	绍兴市	嵊州市公园路8号
178	新昌天文科技馆	绍兴市	新昌县鼓山西路37号
179	新昌万丰航空特色小镇科普教育基地	绍兴市	新昌县工业园区鳌峰路1号
180	浙江工业大学之江学院“双创”教育基地	绍兴市	柯桥区越州大道958号
181	浙江虎居动物园	绍兴市	嵊州市剡湖街道漩择墅村张墅水库边
182	浙江佳人新材料科普园	绍兴市	袍江海塘路5号
183	浙江绍兴镜湖新区智能电网综合展示中心“电力科普馆”	绍兴市	绍兴市胜利东路58号
184	浙江省新昌中学	绍兴市	新昌县七星街道新中路195号
185	浙江新昌硅化木国家地质公园	绍兴市	新昌县南明街道人民西路117号
186	浙江诸暨白塔湖湿地公园	绍兴市	诸暨市店口镇金家站下金村
187	诸暨市博物馆	绍兴市	诸暨市东一路18号
188	诸暨市观光农业休闲园	绍兴市	诸暨市枫桥镇永宁村
189	诸暨市香榧博物馆（中国香榧博物馆）	绍兴市	诸暨市浣东街道榧博路8号
190	诸暨市越红博物馆	绍兴市	诸暨市东白湖镇新上泉村58号
191	华顶林场国家森林公园	台州市	台州市天台县石梁镇华顶景区
192	临海市兰文化博物馆	台州市	台州市临海市古城街道紫砂岙九畹兰庄
193	临海市钟表科普教育基地	台州市	临海市古城街道赤城路9号
194	台州市椒江区解放一江山岛登陆战纪念馆	台州市	台州市椒江区青年路518号
195	台州市路桥雄鹰素质教育拓展培训有限公司	台州市	台州市螺洋街道池头路1号

续表

序号	基地名称	所在市	地址
196	台州市青少年气象科普教育基地	台州市	台州市开发区白云山南路88号
197	台州湾野生动物园	台州市	台州市聚海大道777-2号台州湾野生动物园
198	温岭市青少年科普活动中心	台州市	台州市温岭市太平街道东环路100号
199	温岭市素质教育实践基地	台州市	台州市温岭市松门镇东南工业区研学路1号
200	温岭市香草谷香草自然科普教育基地	台州市	台州市温岭市坞根镇洋呈村
201	仙居机器人协会	台州市	台州市安洲街道光明西路原外语学院初中部
202	仙居台湾农民创业园素质教育实践基地	台州市	白塔台湾农民创业园
203	仙居县淡竹原始森林旅游有限公司	台州市	台州市仙居县淡竹原始森林旅游有限公司
204	星光公园	台州市	台州市黄岩区上郑乡人民政府
205	浙江百花园林科普教育基地	台州市	台州市路桥区新桥镇百花乡汇
206	浙江东浦农业开发有限公司（温岭市曙光现代农业有限公司）	台州市	台州市温岭市箬横镇东浦农业8大队
207	浙江聚仙庄饮品有限公司	台州市	台州市仙居县步路乡西炉村
208	浙江龙额火山茶业有限公司	台州市	台州市玉环市大麦屿街道联丰村
209	浙江神仙居旅游集团有限公司景区分公司	台州市	白塔镇神仙居景区
210	中国柑橘博物馆（含黄岩名人馆）	台州市	台州市黄岩区行政大楼19层
211	中国科学院天文台石塘天文馆	台州市	台州市温岭市石塘镇千年曙光园景区
212	矾都矿石馆	温州市	苍南县矾山镇繁荣路
213	红蜻蜓中国鞋文化博物馆	温州市	温州市永嘉县瓯北五星工业园红蜻蜓总部
214	南麂列岛国家级海洋自然保护区	温州市	浙江省温州市平阳县昆阳镇振兴大厦1栋二楼南麂保护区管理局009室
215	瑞安市城市展览馆	温州市	温州市瑞安安阳北路600号（瑞祥公园内）

续表

序号	基地名称	所在市	地址
216	泰顺县蜜蜂文化科普教育基地	温州市	温州市泰顺县司前畲族镇徐宅村
217	温州“互联网+智慧城市”体验馆	温州市	温州市杨府山商务三路温州移动大楼
218	温州博物馆	温州市	温州市鹿城区市府路491号
219	温州大学科普教育基地	温州市	温州市茶山高教园区
220	温州动物园	温州市	温州市雪山路367号
221	温州鹿城神韵贝螺展示中心	温州市	温州市鹿城区大南门锦春大厦A12单元905室
222	温州市城乡规划展示馆	温州市	温州市鹿城区惠民路856号
223	温州市鹿城区学生实践学校	温州市	温州市鹿城区七都街道吟州新村113-1号
224	温州市气象科普馆	温州市	温州市鹿城区江滨中路278号
225	温州市智慧城市体验馆	温州市	温州市鹿城区市府路517号温州中心区电信大楼
226	温州市中医药文化科普教育基地	温州市	温州市中医院景山院区
227	温州翔宇昆虫贝壳博物馆	温州市	温州市永嘉县瓯北新区罗浮大街358号
228	温州叶同仁中医药博物馆	温州市	温州市鹿城区瓯江路望江公园内
229	温州医科大学人体科学馆	温州市	温州市瓯海区茶山高教园温州医科大学
230	温州植物园	温州市	温州市瓯海区雪山路334号
231	温州种子种苗科技园	温州市	浙江省温州市鹿城区戍浦北路869号
232	泽雅传统造纸生态博物馆	温州市	温州市瓯海区泽雅镇唐宅村
233	浙江省第十一地质大队地学科普基地	温州市	温州市瓯海区站前路199号
234	浙江省海洋水产养殖研究所	温州市	温州市河通桥6-1号
235	泰顺县乌岩岭自然保护区	温州市	温州市泰顺县罗阳镇爱民路108号
236	定海科技展馆	舟山市	舟山市定海区盐仓街道兴舟大道西段10号201室
237	马岙博物馆	舟山市	定海区马岙街道白马街199号
238	航海科普教育基地	舟山市	舟山市临城新区海天大道268号

续表

序号	基地名称	所在市	地址
239	绿岛社区科普活动中心	舟山市	舟山市定海区千岛街道绿岛新村一期B13-1一楼服务大厅
240	普陀美丽海岛田园综合体科普教育基地	舟山市	舟山市普陀区展茅街道
241	嵊泗县海洋科技研究所	舟山市	舟山市嵊泗县菜园镇金平社区金海路575号
242	嵊泗县海洋生物馆	舟山市	舟山市嵊泗县菜园镇东海路127号
243	浙江省海水增养殖科普教育基地	舟山市	舟山市定海区临城体育路28号
244	中国灯塔博物馆	舟山市	舟山市岱山县高亭镇长剑大道201号
245	中国鱿鱼馆	舟山市	舟山市定海区干览镇商会路1号
246	舟山博物馆	舟山市	舟山市海天大道610号
247	舟山市中小学素质教育实践学校	舟山市	舟山市定海区白泉镇皋泄社区富强新村路67号
248	安吉竹博园	湖州市	安吉县灵峰街道竹博园路1号
249	江南天池景区	湖州市	安吉县天荒坪镇大溪村
250	嘉兴市丝绸博物馆	嘉兴市	嘉兴市中山西路2710号嘉欣丝绸博物馆

市级科普教育基地

序号	基地名称	所在市	地址
1	“你好大脑”脑科学体验馆	杭州市	西湖区东部软件园创新大厦一楼
2	北航杭州创新研究院	杭州市	杭州市滨江区长河街道创慧街18号
3	淳安县气象馆	杭州市	千岛湖镇新安大街16号
4	淳安县千岛湖自然博物馆	杭州市	千岛湖镇梦姑路158号
5	大奇山国家森林公园	杭州市	桐庐县城南街道大奇山林场
6	光大环保能源（杭州）有限公司	杭州市	杭州市余杭区中泰街道南峰村大坞里
7	杭化院生物质科技馆	杭州市	杭州市临安区青山湖街道钱坞路168号浙江杭化新材料科技有限公司
8	杭州八卦田景区	杭州市	杭州市上城区南星街道虎玉路41号
9	杭州白塔公园	杭州市	上城区老复兴街4号
10	杭州大明山风景旅游有限公司	杭州市	浙江省杭州市临安区清凉峰镇白果村大明山景区
11	杭州风之谷旅游发展有限公司	杭州市	浙江省杭州市临安区昌化镇双塔村宜养
12	杭州蜂之语蜜蜂王国科技园	杭州市	桐庐县城南街道乔林路898号
13	杭州富伦生态科技有限公司	杭州市	杭州市富阳区灵桥镇光明村
14	杭州华盛实业有限公司	杭州市	淳安县鼓山工业园区华盛路99号
15	杭州霍普曼电梯有限公司	杭州市	桐庐县瑶琳镇琴溪村
16	杭州晶星都市村大果园	杭州市	杭州市萧山区宁围街道水博大道晶星都市村
17	杭州九阳家电厨房体验基地	杭州市	钱塘新区银海街760号
18	杭州酷嗒文化发展有限公司	杭州市	杭州市余杭区五常大道乐天城5号楼3楼
19	杭州临安龙门秘境集体经济发展有限公司	杭州市	临安区高虹镇德胜街108号
20	杭州临安太湖源观赏竹中园有限公司	杭州市	临安区太湖源镇高云村
21	杭州绿港花卉世界有限公司	杭州市	杭州市余杭区仁和街道新区路218号

续表

序号	基地名称	所在市	地址
22	杭州模型无线电运动基地	杭州市	杭州市艮山西路115-8号
23	杭州耦迈科技服务有限公司（石虎山机器人创新基地）	杭州市	杭州市西湖区灵隐街道石虎山18号
24	杭州千岛湖发展集团有限公司淳鱼文化中心（千岛湖鱼博馆）	杭州市	淳安县千岛湖镇秀水街c区5号
25	杭州少年儿童公园	杭州市	西湖区虎跑路61号
26	杭州盛庄花卉有限公司	杭州市	临平区玩月街95号
27	杭州师范大学物理学院	杭州市	杭州市余杭塘路2318号
28	杭州市拱墅区图书馆	杭州市	拱墅区北城街55号人防大厦B座
29	杭州市河道陈列馆	杭州市	庆春立交桥东北角（城墙博物馆往东100米处）
30	杭州市蒋筑英纪念馆（杭州市蒋筑英学校）	杭州市	杭州市上城区金狮苑20号杭州市蒋筑英学校
31	杭州市临安区博物馆	杭州市	临安区锦城街道天目路800号
32	杭州市临平区人工智能教育基地	杭州市	杭州市临平区兴盛路561号皇国山市民公园
33	杭州市茅以升实验学校	杭州市	杭州市上城区景芳二区35幢
34	杭州市水文水资源监测总站	杭州市	上城区杭海路229号兴业大厦
35	杭州市西湖水域管理处	杭州市	上城区虎玉路15号
36	杭州市消防大队	杭州市	杭州市上城区云峰二区112号
37	杭州坦恩商业投资有限公司	杭州市	杭州市拱墅区余杭塘路478号2号楼2层
38	杭州万松书院	杭州市	浙江省杭州市玉皇山路1号
39	杭州西溪国家湿地公园洪园	杭州市	余杭区五常街道访溪路洪园游客服务中心
40	杭州西溪湿地公园管理委员会办公室	杭州市	西湖区文二西路777号
41	杭州萧山南宋官窑艺术馆	杭州市	杭州市萧山区蜀山街道蜀山路418号
42	杭州野古虫出没农文旅发展有限公司	杭州市	杭州市余杭区瓶窑镇塘埠村西坞
43	杭州中天模型有限公司	杭州市	杭州市滨江区浦沿街道明德路6号
44	胡庆余堂中药博物馆	杭州市	上城区大井巷95号

续表

序号	基地名称	所在市	地址
45	华宝斋富翰文化有限公司	杭州市	杭州市富阳区龙浦街118号
46	建德市气象局	杭州市	杭州市建德市新安江街道普山路6号
47	江和美海洋馆	杭州市	杭州市上城区杭海路601号三堡产业大厦C座
48	江洋畈生态公园	杭州市	西湖风景名胜区虎玉路8号
49	金利浦（消防）安全体验馆	杭州市	杭州市萧山区浦阳镇尖湖村（下湾）2-1号
50	临安昌化鸡血石博物馆	杭州市	杭州市临安区天目路399号
51	绿科秀农业公园	杭州市	杭州市萧山区中国萧山科技城内竞汇路绿科秀西门
52	墨西哥中国中心/浙江墨可科技发展有限公司	杭州市	上城区钱江国际时代广场二幢41楼
53	钱投·钱唐农园	杭州市	杭州市上城区彭埠街道艮山东路与五号港路交叉口
54	日昌升建筑新材料设计研究院	杭州市	杭州市上城区四宜路31号四宜大院A座
55	视觉健康近视防控科普馆	杭州市	杭州市富阳区孙权路8号
56	四维生态科技（杭州）有限公司	杭州市	浙江省杭州市滨江区长河街道江虹路459号A座
57	桐庐红晨文创礼品有限公司（妙笔智慧乐园）	杭州市	浙江省杭州市桐庐县妙笔文苑内
58	桐庐气象科普体验馆（气象台）	杭州市	桐庐县桐君街道导航弄9号
59	桐庐县桐君中医药文化博物馆	杭州市	桐庐县城南街道高家路288号
60	味全杭州厂品牌馆	杭州市	杭州钱塘新区银海街468号
61	萧山跨湖桥遗址博物馆	杭州市	杭州市萧山湘湖路978号
62	医惠智慧医疗与全民健康科普教育基地	杭州市	浙江省杭州市滨江区月明路567号
63	英飞特电子（杭州）股份有限公司	杭州市	浙江省杭州市滨江区长河街道江虹路459号A座
64	临平区运河街道双桥村	杭州市	杭州市临平区运河街道双桥村村民委员会
65	浙江测绘与地理信息科技博物馆	杭州市	杭州市余杭区五常街道地信路2号

续表

序号	基地名称	所在市	地址
66	浙江大学大学生微小卫星创新实践基地	杭州市	杭州市西湖区浙大路38号浙江大学航空航天学院
67	浙江大学高温合金研究所电子显微镜中心	杭州市	浙江省桐庐县经济开发区洋洲南路199号C座1楼
68	浙江大学杭州国际科创中心	杭州市	杭州市萧山区建设三路733号
69	浙江凤鑫生态农业科技有限公司	杭州市	桐庐县凤川街道三鑫村388号
70	浙江省杭州高级中学（天文台）	杭州市	拱墅区凤起路238号
71	浙江省农业科学院农产品质量安全与营养研究所	杭州市	杭州市上城区德胜中路298号
72	浙江希瑞干细胞基因工程有限公司	杭州市	杭州市上城区庆春路上八界巷17号
73	浙江亚博凯康基因细胞科普馆	杭州市	石祥西路859号基因小镇2楼
74	浙江一地地质文化有限公司（地质文化体验中心）	杭州市	杭州市滨江区建业路418号
75	浙江中科阿优教育咨询有限公司	杭州市	杭州市萧山区湘湖金融小镇二期南岸9号楼
76	浙江中新电力发展集团有限公司萧山科技分公司中新智能电力技术展厅	杭州市	萧山北干山南路12号
77	中国茶叶博物馆	杭州市	杭州市西湖区龙井路88号中茶博双峰馆区、翁家山路268号中茶博龙井馆区
78	中控春晖-骥程自动化技术长廊	杭州市	杭州市滨江区六和路309号中控科技园
79	中南卡通动漫科普教育基地	杭州市	杭州市滨江区滨康路245号中南技术中心一楼
80	萧山智慧城市馆	杭州市	杭州市萧山区北干街道金惠路508号
81	杭州灵山景区九曲红梅茶博馆	杭州市	西湖区双浦镇灵山村185号
82	杭州绿色能源体验中心	杭州市	杭州市西湖区和林路6号
83	杭州市钱学森学校	杭州市	杭州市上城区甬江路235号
84	中国科学院资本数字经济创新中心	杭州市	上城区同协路西子智慧产业园中国科学院资本数字经济创新中心
85	浙江省儿童青少年眼健康科普馆	杭州市	浙江省杭州市上城区凤起东路618号
86	滨水水厂“水之旅”科普教育基地	杭州市	杭州市滨江区火炬大道1699号

续表

序号	基地名称	所在市	地址
87	中国数字音乐基地	杭州市	杭州萧山杭州国际博览中心A座2楼
88	杭州九仙生物科技有限公司	杭州市	杭州市建德市莲花镇齐平村
89	光大环保能源（淳安）有限公司	杭州市	淳安县金峰乡山后村西塘坞自然村3号
90	淳安县千岛湖青溪小学	杭州市	淳安县千岛湖镇青小路99号
91	淳安县博物馆	杭州市	淳安县千岛湖青溪新城镇珍珠一路113号
92	临安气象科普基地	杭州市	杭州市临安区锦城街道横潭路89号
93	淳安县鸠坑乡潮鸠农产品有限公司（千岛湖潮鸠小青柑研发基地）	杭州市	淳安县鸠坑乡继光村77号
94	杭州科技职业技术学院杭州市“智能制造”开放性公共技能实训基地	杭州市	钱塘区品优街2688号
95	中国安吉椅业博物馆	湖州市	湖州市安吉县递铺街道康山大道695号
96	竹文化生活体验馆	湖州市	湖州市安吉县天荒坪镇马吉村
97	安吉“两弹一星”事迹馆	湖州市	湖州市安吉县递铺街道古城村
98	安吉白茶科普示范园区	湖州市	湖州市安吉县溪龙乡凉亭岗自然村1号
99	安吉县龙王山自然保护区	湖州市	湖州市安吉县章村镇龙王山自然保护区管理处
100	安吉县食品药品安全检测科普馆	湖州市	湖州市安吉县古樟路1100号科技创业园
101	安吉县水土保持科技示范园区	湖州市	湖州市安吉县递铺街道净土社区稻好坞村
102	百亩顶黄茶技艺科普基地	湖州市	德清县莫干山镇晓于线东山生态林场百亩顶茶园
103	蚕丝绸文化科普基地	湖州市	湖州市二环东路759号
104	德清德晨旅游德清田园博览园	湖州市	浙江省湖州市德清县下渚湖街道上渚山路288号
105	德清蛇文化博物馆	湖州市	德清县士林镇水北村子思桥（德桐线与士锦线交叉口）
106	德清通航智造小镇科普会客厅	湖州市	德清县通航产业园机场路1号（雷甸镇）

续表

序号	基地名称	所在市	地址
107	德清县新田农庄	湖州市	德清县康乾街道德清大道杭宁高速出口东
108	德清县珍稀野生动物繁育研究中心	湖州市	德清县下渚湖街道下渚湖风景区
109	德清县中小学生实践教育中心	湖州市	德清县士林镇德桐线西湖圩工业区西400米
110	德清县钟管镇沈家墩村国土资源教育基地	湖州市	德清县钟管镇沈家墩村
111	哈工大机器人湖州科普教育基地	湖州市	湖州市吴兴区总部自由港D幢1楼展厅
112	湖州灵粮生态农业园	湖州市	湖州市吴兴区湖织大道1221号
113	湖州南浔頔南投资旧馆镇小微园	湖州市	湖州南浔頔南投资旧馆镇小微园
114	湖州市农业科技发展中心蚕桑研究所	湖州市	吴兴区陆王路768号
115	湖州市平安实训基地	湖州市	吴兴区草荡漾路2408号
116	湖州市气象科普教育基地	湖州市	吴兴区太湖路800号
117	华能国际电力股份有限公司长兴电厂电力科普教育基地	湖州市	长兴县吕山乡金村村
118	金象湖健康主题公园	湖州市	南浔镇南林中路66号
119	南太湖人才学苑	湖州市	湖州市西塞山路819号A座长三角人才服务中心
120	南浔后坝科普教育基地	湖州市	南浔区双林镇后坝营地
121	南浔区善琏镇南浔节水文化平乐村展厅	湖州市	南浔区善琏镇平乐村村委
122	南浔区中医院中医药专题科普展示馆	湖州市	湖州市南浔区南浔镇向阳路166号
123	钱山漾文化交流中心科普教育基地	湖州市	湖州市吴兴区八里店镇丝绸小镇环漾路2133号钱山漾文化交流中心
124	水木莫干山都市农业科普体验中心	湖州市	德清县阜溪街道龙胜村
125	太湖溇港文化展示馆科普教育基地	湖州市	湖州市吴兴区织里镇义皋村湖薛路与李义线交叉口东300米
126	吴兴区织里镇人民政府织里公共安全防范科普教育基地	湖州市	湖州市吴兴区织里镇吴兴大道5995号科技文化中心三楼
127	长兴顾渚茶文化科普教育基地	湖州市	长兴县水口乡顾渚村王塔自然村

续表

序号	基地名称	所在市	地址
128	长兴青少年宫科普教育基地	湖州市	长兴县龙山街道太湖中路210号
129	长兴十里银杏长廊科普教育基地	湖州市	长兴县小浦镇八都岕内
130	长兴食品药品安全科普宣传基地（市场监管局）	湖州市	长兴县县前东街508号检测中心
131	长兴县复兴农耕文化博物馆科普教育基地	湖州市	长兴县水口乡顾渚村王塔自然村
132	长兴县李家巷镇中心小学向阳花科普教育基地	湖州市	长兴县李家巷镇李家巷村
133	长兴县煤山镇中心小学科普中草药科普教育基地	湖州市	长兴县煤山镇梅花街33号
134	长兴县雉城街道南门社区科普馆科普教育基地	湖州市	长兴县雉城街道车站西路259号
135	中国淡水渔都中小学研学基地	湖州市	南浔区菱湖镇渔都渔创街区
136	中国电信数字湖州智慧体验中心	湖州市	湖州市新湖路189号
137	中国太湖石博览园科普教育基地	湖州市	长兴县煤山镇白岘凤凰亭工业园区
138	中国童装博物馆科普教育基地	湖州市	湖州市吴兴区织里镇吴兴大道2699号中国童装城四楼
139	嘉兴市潜福食品有限公司	嘉兴市	余新镇曹焦公路8号
140	平湖市防灾减灾科普教育基地	嘉兴市	平湖市环北二路310号平师附小
141	浙江金稼园农业科技有限公司	嘉兴市	平湖市当湖街道金家村金稼园
142	桐乡市董家茭白科普教育基地	嘉兴市	桐乡市乌镇镇董家茭白市场
143	顾功叙院士科普教育基地	嘉兴市	嘉善县天凝镇洪溪斜红路61号
144	光大环保能源（海盐）有限公司	嘉兴市	浙江省嘉兴市海盐县西塘桥街道棕榈路88号
145	桂苑社区科普百草园	嘉兴市	南溪路1413号桂苑小区内秋韵坊8号
146	海宁市博物馆	嘉兴市	海宁市西山路542号
147	海宁市丁桥中学	嘉兴市	海宁市丁桥镇联群路101号
148	海宁周王庙镇云龙村	嘉兴市	海宁市周王庙镇云龙村村委会
149	海盐县滨海中学	嘉兴市	海盐县经济开发区西塘桥街道姚家路585号

续表

序号	基地名称	所在市	地址
150	海盐县青少年宫	嘉兴市	海盐县武原街道天仙湖公园文化艺术中心内
151	海盐县武原中学	嘉兴市	海盐县武原街道百尺南路8号
152	海盐县向阳小学	嘉兴市	海盐县朝阳东路176号向阳小学
153	宏达青少年科技创新实验基地	嘉兴市	浙江省海宁市海州西路55号
154	桐乡市梧桐街道环南社区农普馆	嘉兴市	桐乡市梧桐街道环南社区居民委员会（桐乡市复兴南路金菊小区内）
155	嘉善县第二实验小学	嘉兴市	嘉善县罗星东路666号
156	嘉善县民防教育体验馆	嘉兴市	嘉善县姚庄镇体育馆综合楼四楼
157	嘉善县气象地震科普馆	嘉兴市	站前路59号
158	嘉善县泗洲小学青少年科普教育基地	嘉兴市	嘉善县罗星街道阳光西路1118号
159	嘉善县俞汇小学	嘉兴市	嘉善县姚庄镇俞汇集镇育才路150号
160	嘉兴爱尔眼科医院有限公司	嘉兴市	秀洲区昌盛中路252号
161	嘉兴华腾农业种植有限公司	嘉兴市	桐乡市洲泉镇湘溪村周家浜1号
162	嘉兴市“人民代表大会制度展”	嘉兴市	嘉兴市南湖区吉安路148号
163	嘉兴市钧儒小学科普教育中心	嘉兴市	泾水路132号
164	嘉兴市陆园家庭农场有限公司	嘉兴市	秀洲区洪合镇南朱村陆园
165	嘉兴市绿江葡萄专业合作社	嘉兴市	南湖区大桥镇江南村马家娄52号
166	嘉兴市水利投资有限公司（石臼漾湿地）	嘉兴市	秀洲区昌盛中路1230号
167	嘉兴市园林绿化工程公司	嘉兴市	秀洲区大德路大德苗圃
168	嘉兴市褚大姐甜瓜专业合作社	嘉兴市	余新镇余西村
169	嘉兴田间自然教育咨询有限公司	嘉兴市	浙江省嘉兴市南湖区凤桥镇永红村Y219
170	嘉兴同济环境研究院	嘉兴市	浙江省嘉兴市南湖区凌公塘路1994号
171	嘉兴沃之龙农业开发有限公司	嘉兴市	嘉兴市南湖区新丰镇竹林村第十三组
172	嘉兴学院G60科创走廊产业与创新研究院	嘉兴市	浙江省嘉兴市昌盛南路36号嘉兴智慧产业创新园7号楼

续表

序号	基地名称	所在市	地址
173	嘉兴易久农业科技有限责任公司	嘉兴市	嘉善县惠民街道新润村66号
174	嘉兴中医医院中医文化馆	嘉兴市	嘉兴市中山东路1501号
175	嘉兴粽子文化博物馆	嘉兴市	嘉兴市南湖区新嘉街道月河历史街区中基路35号
176	梨园社区科普馆	嘉兴市	海洲街道梅园路406号
177	凌塘社区科普教育中心	嘉兴市	解放街道徐王路217号
178	绿能环保科技有限公司	嘉兴市	秀洲区新塍镇潘家浜村上仁浜167号
179	平湖市档案馆	嘉兴市	平湖市当湖街道胜利路380号
180	平湖市黄姑中学	嘉兴市	平湖市独山港镇黄姑建设东路
181	平湖市气象局	嘉兴市	平湖市当湖街道胜利路380号
182	平湖市图书馆	嘉兴市	当湖街道三港路2号
183	平湖市新埭中心小学	嘉兴市	平湖市新埭镇南栅西路258号
184	平湖市乍浦小学	嘉兴市	平湖市乍浦镇建港路乍浦小学
185	神润斋园艺有限公司	嘉兴市	嘉兴市南湖区凤桥镇永红村15组小王圩1号
186	沈鸿纪念馆	嘉兴市	海宁市海州东路219号教育园区内
187	松鹤社区科普活动中心	嘉兴市	望鹤路133号
188	桃园村少儿科普教育基地	嘉兴市	盐官镇桃园村
189	通元镇山前乐郊本草园	嘉兴市	海盐县通元镇丰义景区山前路88号
190	桐乡宝岛羽绒制品有限公司	嘉兴市	桐乡市凤鸣街道工业园区佳业路
191	桐乡市崇德小学	嘉兴市	桐乡市崇福镇创业路1100号崇德小学教育集团语溪小学
192	桐乡市丰子恺纪念馆	嘉兴市	桐乡市石门镇大井路1号
193	桐乡市凤鸣街道中心幼儿园	嘉兴市	桐乡市凤鸣街道灵安集镇高新西二路1478号
194	桐乡市茅盾中学	嘉兴市	桐乡市振兴东路288号
195	桐乡市乌镇航天北斗应用中心	嘉兴市	桐乡市乌镇镇原海鸥电器厂14号楼
196	桐乡市乌镇互联网国医馆	嘉兴市	桐乡市乌镇镇虹桥路69号
197	桐乡市梧桐街道杨家门社区人体健康科普馆	嘉兴市	桐乡市梧桐街道杨家门社区居民委员会（迎风路）

续表

序号	基地名称	所在市	地址
198	长啸村现代农业科普教育基地	嘉兴市	海宁市袁花镇长啸村村委会
199	浙江美之奥种业股份有限公司	嘉兴市	秀洲区洪合镇泾桥村
200	浙江森城实业有限公司	嘉兴市	海宁市斜桥镇华丰村祝森路（神龙湾生态园内）
201	嘉兴森科花木园艺有限公司	嘉兴市	曹桥街道金平大道2233号
202	浙江未来技术研究院（嘉兴）	嘉兴市	嘉兴市南湖区汇信路152号
203	浙江五芳斋实业股份有限公司	嘉兴市	秀洲区中山路2946号五芳斋产业园内
204	浙江裕华木业有限公司	嘉兴市	嘉善县魏塘街道恒兴路38号
205	桐乡市乌镇植材小学创客梦工场	嘉兴市	桐乡市乌镇镇南宫路228号
206	中国·江南窑文化博物馆	嘉兴市	嘉善县干窑镇叶新路88号
207	猪猪星球	嘉兴市	海盐县元通街道青莲世界名猪文博园六号楼
208	海宁市产品质量检验检测所（浙江省太阳能产品质量检验中心）	嘉兴市	海宁市袁花镇联红路208号
209	海宁市金新乐农业科技有限公司	嘉兴市	海宁市斜桥镇新民路10号
210	海宁市气象局	嘉兴市	海宁市长埭路345号
211	海宁绿动海云环保能源有限公司	嘉兴市	浙江省海宁市尖山新区滨海路22号
212	海宁市硖石小学	嘉兴市	海宁市硖石街道塘南东路736号
213	海盐融禾农业科技农场	嘉兴市	海盐县通元镇融禾科技园
214	海盐县节水宣传教育基地	嘉兴市	海盐县通元镇长山河村党群服务中心
215	海盐县数智电网科普教育基地	嘉兴市	海盐县武原街道百尺北路98号
216	嘉兴市丝绸博物馆	嘉兴市	嘉兴市中山西路2710号嘉欣丝绸博物馆
217	嘉兴市农业科学研究院	嘉兴市	嘉兴双桥镇
218	秀洲光伏科技馆	嘉兴市	浙江省嘉兴市秀洲区康和路1288号嘉兴光伏科创园1#楼1803室
219	嘉兴国防科普文化馆	嘉兴市	浙江省嘉兴市秀洲区王店镇小家电园区（沪杭高速王店出口处），浙江米科光电科技股份有限公司内
220	平湖澳多奇农庄	嘉兴市	平湖市曹桥街道马厩村

续表

序号	基地名称	所在市	地址
221	虫草博物馆	嘉兴市	平湖市经开区新群路1938号
222	“天梦苑”航天科普基地	嘉兴市	平湖市独山港镇赵家桥村
223	平湖市合木体育文化有限公司	嘉兴市	平湖市曹桥街道马厩赛艇小镇
224	平湖市生态环境科普宣教中心	嘉兴市	平湖市独山港镇翁金线金桥段169号（平湖市临港能源有限公司）
225	杭州师范大学附属乍浦实验学校	嘉兴市	平湖市乍浦镇陈山路
226	嘉兴市家树文化旅游有限公司水云庄	嘉兴市	平湖市新埭镇兴旺村吕青公路西侧
227	桐乡市青少年素质教育实践基地	嘉兴市	桐乡市大麻镇海华村坝桥头50号
228	乌镇·百度Apollo Park科普教育基地	嘉兴市	桐乡市乌镇镇南东路40号
229	梧桐街道桃园村“槜美桃园”科普教育基地	嘉兴市	桐乡市梧桐街道桃园村
230	乌镇国际互联农业博览园	嘉兴市	桐乡市乌镇镇正福村
231	长三角健康农业研究院科普教育基地	嘉兴市	桐乡市发展大道133号12幢101室
232	嘉兴市嘉源饮用水有限公司	嘉兴市	嘉兴市南湖区余新镇大艺树路328号
233	嘉兴市绿康农业开发有限公司	嘉兴市	嘉兴市南湖区余新镇金星村25组
234	嘉兴明瑷眼科	嘉兴市	嘉兴市南湖区亚欧路498号
235	大运河数字诗路E站南湖体验中心	嘉兴市	嘉兴市南湖区解放街道芦席汇历史街区鉏家滩1号
236	嘉兴市秀洲中学初中部	嘉兴市	嘉兴市环城东路75号
237	南湖路空协同立体交通产业研究院	嘉兴市	嘉兴市南湖区凤桥镇梅花洲景区35号楼
238	艾可泰科细胞科普馆	金华市	婺城区宾虹西路161号
239	爱尔眼科医院	金华市	金华市婺城区双溪西路389号
240	安防体验馆	金华市	浦江县大畈乡清溪村方家自然村
241	白沙小学	金华市	兰溪市梅江镇白沙村
242	春晗学校	金华市	义乌市上溪镇百安街
243	丹溪小学	金华市	金华市航歌路111号
244	东阳卢宅三乡文化科普教育基地	金华市	东阳市吴宁街道卢宅街2号二楼

续表

序号	基地名称	所在市	地址
245	东阳市严济慈陈列馆	金华市	东阳市横店镇明清西路28号
246	东阳中学	金华市	东阳市学士北路1号
247	东苑小学	金华市	金华市义乌街676号
248	放学娃东里农场	金华市	磐安县尖山镇乌石村东里
249	飞扬农机	金华市	义乌市飞扬农机服务专业合作社
250	缸窑村	金华市	义乌市义亭镇缸窑村
251	国网（金华）分公司	金华市	金华市将军路347号
252	华川深能环保有限公司	金华市	义乌市赤岸镇报国西路22号
253	环城小学	金华市	金华市城中街道马路里62号
254	江滨小学	金华市	金华市明伦街301号
255	金东区实验小学	金华市	金华市金瓯路398号
256	金华海趣城旅游文化有限公司	金华市	婺城区宾虹西路2999号A1幢一楼、二楼
257	金华航大北斗应用技术有限公司	金华市	金华市金义都市新区金山大道金山科创园
258	金华经济技术开发区消防救援大队应急消防科普教育基地	金华市	金华市西关街道婺州街351号
259	金华农村垃圾分类体验基地	金华市	金华市江东镇江东镇六角塘村
260	金华市博物馆	金华市	金华市婺城区东市街128号
261	金华市金东区含香小学	金华市	金华市塘雅镇含香村含金街75号
262	金华市秋滨小学科普教育基地	金华市	金华市婺城区金地路与秋景路交汇处附近北
263	金华市特种设备检验检测院	金华市	金华市金东区政和街358号
264	金华市婺城区九峰职业学校科普教育基地	金华市	汤溪镇城南路1118号
265	金华市职业技术学院	金华市	金华市海棠西路888号
266	金华四中	金华市	金华市解放西路128号
267	金华元素创客教育科技有限公司	金华市	金华市金义新区浙大网新科技产业园C1栋
268	金婺非遗中心	金华市	金华市婺城区杨环路36号
269	兰江小学	金华市	兰溪市云山街道大阙路161号

续表

序号	基地名称	所在市	地址
270	兰溪市机器人协会	金华市	兰溪市西山路188号
271	兰溪市实验小学	金华市	兰溪市星辰路31号
272	兰溪市中医院	金华市	兰溪市兰荫路108号
273	兰溪行知小学	金华市	马公滩上华街道彭村
274	龙峰国际学校	金华市	浦江县浦阳街道汇泉路123号
275	骆驼九龙	金华市	武义县王宅镇
276	马达小学	金华市	兰溪市上华街道马达新区1号马达中心小学
277	梦境自然博物馆	金华市	金华市宾虹路1131号欧景学府4楼
278	磐安县深泽小学	金华市	磐安县新渥街道深泽小学
279	磐安县应急管理局	金华市	磐安县安文街道坑口村人防大楼
280	浦江县妇幼保健院	金华市	浦江县妇幼保健院环城东路57号
281	浦江县江南第一家旅游发展有限公司	金华市	浦江县郑宅镇义门东路6号
282	浦江县治水主题馆	金华市	浦江县文溪东路329号
283	山山家休闲文化产业园有限公司	金华市	金华市金东区岭下镇金义东连接线633号
284	生命教育体验中心	金华市	浦江县人民东路30号
285	铁壶工艺展示馆（武义光禾工贸）	金华市	武义县黄龙工业区黄龙二路8号
286	铁路文化馆	金华市	婺江西路366号
287	汪高小学	金华市	兰溪市兰江街道汪高村汪高岭37号
288	武义熟溪酒厂	金华市	武义县大田乡古竹村
289	武义县壶山小学	金华市	武义县熟溪北路
290	舞龙源景区	金华市	磐安县玉山镇舞龙故乡景区
291	婺窑小镇	金华市	金华市婺城区雅畈镇汉灶村
292	西甑山科普教育基地	金华市	东阳市林业总场（吴宁街道东义路210号）
293	乡雨茶业	金华市	武义县熟溪北路26-116号
294	新能源汽车小镇	金华市	金星南街与南二环西路交叉路口

续表

序号	基地名称	所在市	地址
295	杨溪水库生态湿地（新楼农业开发有限公司）	金华市	永康市舟山镇石临街81号
296	药乡蜂谷	金华市	磐安县尚湖镇药乡蜂谷生态药蜜文化园
297	医学会身心提升工作坊	金华市	浦江县人民东路38号
298	义乌好耶网络技术有限公司（义乌热线）	金华市	义乌市新科路C6号人力资源产业园10楼
299	义乌市幸福湖小学	金华市	义乌市后宅街道幸福湖小学
300	义乌市熊熊农业开发有限公司	金华市	义乌市赤岸镇莱山村陈谢坑88号
301	萤石博物馆	金华市	武义县清水湾
302	永昌中心小学	金华市	浙江省兰溪市永昌街道永杨路50号
303	永康市第一中学	金华市	永康市城南路100号
304	永康市高镇小学	金华市	永康市龙川东路588号
305	永康市骨科医院	金华市	永康市西城街道文化宫路9号
306	永康市教师进修学校附属小学	金华市	永康市金马路501号
307	永康市凯丰衡器博物馆（凯丰集团有限公司）	金华市	永康市古山镇世方中路6-8号
308	永康市林场	金华市	永康市花园大道309号
309	永康市南溪湾文化传播有限公司	金华市	永康市江南街道东村
310	永康市奇思教育咨询有限公司	金华市	永康市胜利街179号2楼
311	永康市青少年水情教育馆（永康市青少年宫）	金华市	浙江省永康市迎春路9号
312	永康市神雕铜文化博物馆	金华市	永康市国际会展中心1-3号门二楼
313	永康市五金创新综合体服务中心	金华市	永康市总部中心金碧大厦附楼
314	永康市朱子岩工匠钉秤创作室	金华市	永康市五金城二期六街38-40号
315	永康锡雕馆	金华市	永康市国际会展中心1-3号门二楼
316	浙江飞神车业有限公司	金华市	永康市城南路560号
317	浙江菇尔康食药用菌基地	金华市	永康市林场
318	浙江浩恒通用航空有限公司	金华市	永康市黄棠机场
319	浙江林炎古陶瓷博物馆	金华市	永康市文博路旁边

续表

序号	基地名称	所在市	地址
320	浙江上丰农业开发有限公司	金华市	武义县下扬村
321	浙江省求是药膳科学研究院	金华市	磐安县新兴街200号
322	浙江永康电力智能展厅	金华市	永康市总部中心金山大厦一楼
323	振兴小学	金华市	兰溪市丹华路69号
324	中国人民解放军73132部队强军科技馆	金华市	金华市婺城区罗店镇环城西路3066号
325	百山祖国家公园菌物多样性科普展示馆	丽水市	庆元县新建路138号
326	城西小学天文科普馆	丽水市	丽水市莲都区学院北路620号
327	处州蜂业科普教育基地	丽水市	丽水市莲都区老竹畲族镇丁公村
328	防震减灾科普教育展示馆	丽水市	丽水市缙云县五云街道翠竹路43号
329	横樟村廉政文化教育基地	丽水市	松阳县大东坝镇横樟村
330	缙云县科普活动中心	丽水市	丽水市缙云县五云街道寺后路38号
331	景宁大漈科普教育基地	丽水市	景宁县大漈乡西岸底1号
332	景宁畲族自治县望东垟高山湿地自然保护区	丽水市	景宁县景南乡上标村
333	景宁中学生物馆	丽水市	景宁县景宁中学
334	咖啡之窗	丽水市	青田县瓯南街道江南大道331号
335	丽水郎奇农家乐农产品专业合作社蔬菜种植基地	丽水市	莲都区碧湖镇石郎线上（丽水蔬菜育苗产业化基地）
336	丽水农科教旅一体化基地	丽水市	松阳县赤寿乡川海路1号
337	丽水市城市规划展览馆	丽水市	丽水市大猷街32号
338	莲都区梅山中学学生教育基地	丽水市	莲都区寿尔福路707号
339	龙泉电子商务科普基地	丽水市	浙江省龙泉市广源街217号一楼
340	龙泉市灵芝研究所科普教育基地	丽水市	龙泉市中山东路79号
341	龙泉市香菇博物馆	丽水市	龙泉市金沙路 26-1号
342	龙泉市中小学素质教育实践活动中心	丽水市	龙泉市小梅镇小梅街102号
343	毛垟乡苔藓文化园	丽水市	景宁县毛垟乡毛垟村
344	南尖岩科普教育基地	丽水市	遂昌县王村口镇石笋头村60号

续表

序号	基地名称	所在市	地址
345	钱江源—百山祖国家公园龙泉保护中心	丽水市	龙泉市中山西路80号
346	青田船寮油茶新品种育苗基地	丽水市	浙江青田县船寮镇康畈村公路46号
347	遂昌竹炭博物馆	丽水市	遂昌县竹炭园区
348	雾耕科普教育基地	丽水市	丽水市莲都区岩泉街道雨伞岗村
349	云和县科普活动中心	丽水市	云和县公园路100号
350	云和县牧野甲虫养殖教育基地	丽水市	云和县崇头镇张家地村241号
351	章村乡油茶科普园	丽水市	青田县章村乡章村村
352	浙江金福茶业科普教育基地	丽水市	龙泉市兰巨乡蜜蜂岭村金观音庄园
353	北仑区气象台	宁波市	北仑区太河南路999号
354	北仑区小港实验学校	宁波市	宁波市北仑区小港街道振兴西路196号
355	慈溪市庵东镇东二小学科普教育基地	宁波市	宁波市杭州湾新区海南村社北西区27号
356	慈溪市图书馆	宁波市	宁波市慈溪市新城大道北路55号
357	奉化中山公园科普教育基地	宁波市	奉化市锦屏街道办事处
358	国家气动产品质量检验检测中心科普教育基地	宁波市	浙江省宁波市奉化区盛源路277号20号楼
359	海通食品科创园	宁波市	慈溪市古塘街道海通路528号
360	恒美口腔	宁波市	宁波鄞州宁南北路809号恒凯中心
361	花岙岛地质公园	宁波市	宁波市象山县高塘岛乡花岙岛村
362	黄贤森林公园科普教育基地	宁波市	奉化区裘村镇黄贤森林公园
363	江北区实验小学创享空间	宁波市	宁波市江北区清河路168号
364	丽盛玫瑰庄园	宁波市	北仑区沿山公路68号丽盛玫瑰庄园
365	宁波帮博物馆	宁波市	宁波市镇海区庄市街道思源路255号
366	宁波博物馆	宁波市	宁波市鄞州区首南中路1000号
367	宁波服装博物馆	宁波市	下应街道天工路蓝海巷80号宁波服装博物馆
368	宁波华茂教育博览园	宁波市	宁波市鄞州区鄞县大道中段2号
369	宁波梁祝文化园	宁波市	宁波市梁祝路1号

续表

序号	基地名称	所在市	地址
370	宁波尚善口腔医疗科普教育基地	宁波市	宁波市鄞州区甬江大道188号财富中心1号楼3、4单元16楼
371	宁波市保国寺古建筑博物馆	宁波市	宁波市江北区洪塘街道鞍山村安东49号
372	宁波市海曙区青少年宫	宁波市	宁波市海曙区丰柏街21号
373	宁波市农科院蔬菜所	宁波市	宁波市鄞州区东钱湖镇鄞县大道东段高钱公交车站对面宁波高新农业科技实验园区
374	宁波市青少年绿色学校	宁波市	宁波市江北区宁慈中路888号
375	宁波市天一阁博物院	宁波市	海曙区天一街5号
376	宁波市鄞州区雪菜博物馆	宁波市	宁波市鄞州区鄞县大道东吴段58号
377	宁波永新光学股份有限公司微观世界探索中心	宁波市	宁波市鄞州区木槿路169号
378	宁海县海洋生物博物馆	宁波市	宁海县强蛟镇振兴西路155号游客集散中心
379	宁海县佳田绿色学校	宁波市	宁海县长街镇山头村
380	宁海县青少年活动中心	宁波市	宁海县跃龙街道正学路169号
381	十里红妆博物馆	宁波市	宁海县跃龙街道徐霞客大道1号
382	王升大粮油工艺博物馆	宁波市	宁波市海曙区高桥镇新庄村新庄路185号
383	象山民俗文化村	宁波市	象山县茅洋乡和谐路23号
384	象山县青少年科技活动中心	宁波市	宁波市象山县丰饶路66号（[象山实验小学北校区）
385	象山县石浦渔港古城	宁波市	宁波市象山县石浦镇渔港中路58号
386	岩矿标本馆	宁波市	浙江省宁波市江北区风华路616号宁波大学载物楼
387	姚江水岸农耕文化交流中心	宁波市	余姚市马渚镇兰江街道五云路1号
388	易中禾仙草园	宁波市	宁波市鄞州区东钱湖大道791号
389	鄞州区地质宝藏博物馆	宁波市	宁波市鄞州区天童南路2365号海港城5楼
390	鄞州区千工甬式家具博物馆	宁波市	邱隘人民南路200号
391	鄞州区青少年宫	宁波市	宁波市鄞州区吉庆街75号

续表

序号	基地名称	所在市	地址
392	宁波市鄞州中学	宁波市	浙江省宁波市鄞州区下应街道日丽东路1221号
393	甬宝斋锡镴器熨斗博物馆	宁波市	宁波市鄞州区沧海路2938号（蔡氏宗祠内）
394	余姚博物馆	宁波市	余姚市舜水南路1号
395	余姚农耕文化展示馆	宁波市	浙江省余姚市低塘街道历山村文化公园
396	余姚市姚江农场	宁波市	宁波市余姚市兰江街道夏巷村凤凰山大桥
397	余姚市榨菜博物馆	宁波市	余姚市临山镇迎凤北路555号
398	镇海区招宝山街道社区卫生服务中心中医养生健康馆	宁波市	宁波市镇海区三角地47号
399	浙江省浙东越窑青瓷博物馆	宁波市	浙江省余姚市梁弄镇高南村宋家岙
400	浙江药科职业大中药标本馆	宁波市	宁波市奉化区四明中路666号
401	浙江中立古陶瓷博物馆	宁波市	慈溪市古塘街道坎墩大道155号
402	镇海口海防历史纪念馆	宁波市	镇海区招宝山街道沿江东路198号
403	镇海区图书馆（培菊图书馆）	宁波市	宁波市镇海区骆驼街道民和路802号
404	镇海区应急科普馆	宁波市	慈海南路2050号富尔顿大厦7楼
405	镇海区中小学生社会实践基地	宁波市	宁波市镇海区九龙湖镇田顾村
406	智能装备园机器人科普馆	宁波市	宁波市北仑区北仑莫干山路36号
407	宁波市鄞州区朱金漆木雕艺术馆	宁波市	宁波市鄞州区横溪镇横溪村上街
408	赵大有宁式糕点博物馆	宁波市	联丰中路499号
409	龙观生物多样性友好体验馆	宁波市	宁波市海曙区龙观乡新潮路1号
410	荃盛食品科学馆	宁波市	宁波海曙望春工业园区秋实路168号
411	屠呦呦旧居陈列馆	宁波市	海曙区开明街26号
412	宁波市中医药科普教育基地	宁波市	宁波市海曙区广安路268号（丽园北路819号）
413	宁波市口腔健康科普馆	宁波市	浙江省宁波市海曙区望春街道新星路435号壹都文化广场3号楼
414	姚江大闸	宁波市	江北区环城北路西段493号

续表

序号	基地名称	所在市	地址
415	新材料科普教育基地	宁波市	浙江省宁波市镇海区中官西路1219号
416	北航宁波院空天科普教育基地	宁波市	浙江省宁波市北仑区梅山街道康达路399号
417	绿色造纸文化科普馆	宁波市	北仑区小港戚家山街道宏源路88号
418	慢病医防融合工作室	宁波市	北仑区大碶街道学苑东路138号
419	生态文明科普教育基地	宁波市	宁波市北仑区春晓中科路88号
420	宁波市城市展览馆	宁波市	宁波市鄞州区宁穿路2000号
421	宁波市眼科医院眼健康科普馆	宁波市	宁波市鄞州区福明街道北明程路599号
422	宁波虫影神奇动物乐园	宁波市	浙江省宁波市鄞州区潘火街道紫城路129号（宁创科技中心1号楼1-2层）
423	生命科技馆	宁波市	浙江省宁波市鄞州区下应街道下应南路777号1#楼2层
424	中小瑞口腔科普基地	宁波市	宁波市鄞州区宁穿路1316号
425	宁波市奉化区博物馆	宁波市	宁波市奉化区大成路2号城市文化中心2
426	慈溪越窑青瓷文化与制作研学实践教育基地	宁波市	浙江省慈溪市匡堰镇越窑路999号上林湖青瓷文化传承园
427	诗路竹韵竹编文化科普馆	宁波市	浙江省宁波市宁海县前童古镇景区花桥街640号
428	宁海县环保能源发电项目科普教育基地	宁波市	浙江省宁波市宁海县强蛟镇海云路南
429	星海翱翔	宁波市	宁波国家高新区清逸路218弄
430	全息技术科普体验中心	宁波市	浙江省宁波市高新区翡翠湾3号楼11楼
431	杭州湾跨海大桥数字孪生科普展示馆	宁波市	宁波市前湾新区庵东镇虹桥大道1号
432	“画里·桐村”水果科普基地	衢州市	衢州市常山县辉埠镇桐村村上篷31号
433	常山西源革命纪念馆	衢州市	衢州市常山县新昌乡西源村湖坑1号
434	常山县半典阁连环画艺术馆	衢州市	衢州市常山县天马街道文峰东路249号

续表

序号	基地名称	所在市	地址
435	常山县城南中学机器人创客中心	衢州市	衢州市常山县定阳南路128号
436	常山县传统榨油技艺展示馆	衢州市	浙江省常山县新昌乡新昌村40号
437	常山县第一小学科普实践基地	衢州市	衢州市常山县傥溪路5号
438	常山县阁底中心小学雅耕园科普教育基地	衢州市	衢州市常山县青石镇阁底村340号
439	常山县湖东中心小学云耕实践基地	衢州市	衢州市常山县湖东中心小学
440	常山县黄泥塘金钉子地质遗迹省级自然保护区	衢州市	衢州市常山国家地质公园
441	常山县蘑菇园博物馆（浙江天泉生物科技有限公司）	衢州市	衢州市常山县金川街道文教西路1000号
442	常山县奇石馆科普教育基地	衢州市	衢州市常山县紫港街道北滨江路88号
443	常山县青少年宫	衢州市	衢州市常山县朱富线谷丰华庭东南侧
444	常山县水土保持科技示范园	衢州市	衢州市金川街道赵家坪社区
445	常山县油茶产业发展中心	衢州市	衢州市常山县文峰东路46号
446	常山县招贤镇中心小学校园科技馆	衢州市	衢州市常山县招贤镇振贤路与兴贤路交叉路口
447	常山县紫港科普馆	衢州市	衢州市常山县紫港小区35号
448	常山眼科医院科普教育基地	衢州市	衢州市常山县紫港街道紫港路15号
449	常山育才小学晴耕堂	衢州市	衢州市常山县北滨江路1号
450	东方巨石阵景区	衢州市	浙江省常山县青石镇320国道旁
451	东门社区科普教育中心	衢州市	浙江省江山市虎山街道下平棋8号
452	府山街道市民垃圾分类宣教中心	衢州市	衢州市柯城区狮桥街94号
453	光大环保能源（江山）有限公司科普教育基地	衢州市	浙江省江山市上余镇上余村达山蓬1号
454	江山格物斯坦机器人科普教育基地	衢州市	衢州市江山市解放路105号
455	江山廿八都古镇	衢州市	衢州市江山市廿八都枫岭路1号
456	江山清漾景区	衢州市	衢州市江山市石门镇清漾村
457	江山如画现代农业园	衢州市	浙江省江山市凤林镇凤里村三岗
458	江山市博物馆	衢州市	浙江省衢州市江山市江城北路17号

续表

序号	基地名称	所在市	地址
459	江山市东山书院文化传媒有限公司土陶科普基地	衢州市	衢州市江山市清湖街道和睦彩陶文化村158号
460	江山市红十字会生命教育体验馆	衢州市	衢州市江山市西山路2号
461	江山市中医院	衢州市	衢州市江山市江滨路38号
462	江山仙霞岭自然保护区	衢州市	衢州市江山市江滨北路1号13楼
463	久泰弄村国防教育主题展馆	衢州市	衢州市常山县辉埠镇久泰弄村
464	开化池淮镇中心学校中草药科普基地	衢州市	衢州市开化县池淮镇坝头村振池路11号
465	开化奇蜂寨中蜂养殖基地	衢州市	衢州市开化县音坑乡下游村
466	开化县大溪边乡中小学	衢州市	衢州市开化县大溪边乡大溪边村后埂46号
467	开化县第一初级中学	衢州市	衢州市开化县城关镇钟山路59号
468	开化永宗山茶油专业合作社	衢州市	衢州市开化县苏庄镇云川路46号
469	柯城区府山公园	衢州市	衢州市柯城区府山公园
470	柯城区卢志家庭农场	衢州市	衢州市柯城区白云北大道386号
471	柯城区鹿鸣小学筑梦空间	衢州市	衢州市柯城区四喜路1号
472	柯城区新世纪机器人学院	衢州市	衢州市柯城区荷三路351号
473	柯城区余东农耕园	衢州市	衢州市柯城区沟溪乡余东村
474	快速制造国家工程研究中心江山示范中心	衢州市	浙江省江山市通达路201号2号楼
475	龙游富硒白莲实践科普教育基地	衢州市	衢州市龙游县志棠镇龙游毓硒酒业公司
476	龙游官村陶艺科普教育基地	衢州市	衢州市龙游县东华街道官村陶艺实践基地
477	龙游金秋红柑桔合作社乡村振兴讲堂实训基地	衢州市	衢州市龙游县湖镇镇上下范村
478	龙游酷菲特健身科普中心	衢州市	衢州市龙游县人民路158号6楼
479	龙游舒坦家庭农场中草药基地	衢州市	衢州市龙游县社阳乡青塘坞大岭脚
480	龙游县单采血浆站	衢州市	龙游县城北开发区阜财路18号
481	龙游县科技馆	衢州市	衢州市龙游县阳光小学内
482	龙游县气象科普馆	衢州市	龙游县东华街道东华街211号

续表

序号	基地名称	所在市	地址
483	衢化街道科普服务中心	衢州市	衢州市柯城区巨化文昌路63号
484	衢江荷露牧场	衢州市	衢州市衢江区高家镇划船塘村
485	衢江区灿聪生态循环农业示范园	衢州市	衢州市衢江区莲花镇涧峰村1号
486	衢江区电力科普展厅	衢州市	衢州供电公司衢江供电分公司
487	衢江区后溪镇泉井边未来乡村	衢州市	衢州市衢江区后溪镇泉井边未来乡村
488	衢江区太真乡王家山村	衢州市	衢州市衢江区太真乡王家山村
489	衢州爱尔眼科医院有限公司	衢州市	衢州市柯城区白云中大道39号中央商务广场3幢3-11号
490	衢州第一中学科普教育基地	衢州市	衢州市九华北大道399号
491	衢州飞鸿滑草场	衢州市	衢州市绿色产业集聚区野鸭垄路5号
492	衢州风华学校	衢州市	衢州市柯城区书院西路58号
493	衢州市辅助器具展示体验中心	衢州市	衢州市柯城区盈川西路1号
494	衢州市菇乐农业开发有限公司科普教育基地	衢州市	衢州市衢江区横路办事处童何村
495	衢州市弘儒文化传播有限公司中小学红豆杉劳动教育实践基地	衢州市	衢州市衢江区全旺镇黄毛畈村双石岭
496	衢州市机器人科普教育基地（衢州格物斯坦机器人创客中心）	衢州市	衢州市柯城区白云街道新湖景城郁金香郡38-10号
497	衢州市疆来科技活动中心	衢州市	衢州市柯城区花园东大道258号4幢101室
498	衢州市柯城区万田乡荷塘村荷韵研学基地	衢州市	衢州市柯城区万田乡荷塘村
499	衢州市衢江区第二小学	衢州市	衢州市衢江区振兴东路278号
500	衢州市衢江区宏景柑桔专业合作社	衢州市	衢州市衢江区高家镇湖仁村大路店10号
501	衢州市衢江区建东家庭农场	衢州市	衢州市衢江区杜泽镇万亩茭白基地
502	衢州市食品药品检验研究院“检验为民”科普教育基地	衢州市	衢州市柯城区荷四路339号
503	衢州市新华小学创玩基地	衢州市	衢州市柯城区新河沿104号
504	衢州市眼健康科普馆	衢州市	衢州市蝴蝶路1号

续表

序号	基地名称	所在市	地址
505	衢州市益年堂农林科技有限公司	衢州市	衢州市衢江区湖南镇破石村大殿前自然村
506	衢州市中医药博物馆	衢州市	衢州市柯城区通衢街5号
507	衢州现代宝岛生物科技有限公司	衢州市	衢州市衢江区莲花镇五坦村
508	三易易科普教育基地	衢州市	衢州市衢江区全旺镇三易易农业园
509	善蒸坊文化科普教育基地	衢州市	浙江省龙游工业园区亲善路8号
510	数字消防科教馆	衢州市	浙江省衢州市江山市双塔街道文教西路5号
511	桐岭社区交通安全教育基地	衢州市	浙江省江山市虎山街道虎山路150号
512	御玺明代贡茶园科普教育基地	衢州市	衢州市开化县池淮镇芹源村开化省级现代农业综合区
513	浙江广胜药业有限公司	衢州市	衢州市衢江区廿里镇广胜光伏电站
514	浙江森古生物科技有限公司琪琅山中草药科普基地	衢州市	衢州市开化县杨林镇友好村琪琅山
515	浙江香满亭生物科技有限公司	衢州市	衢州市龙游县小南海镇
516	浙江中信检测有限公司	衢州市	浙江省衢州市柯城区凯泰汽配城13幢16号
517	中兴稻耕文化科普教育基地	衢州市	衢州市开化县工业园区园一路8号
518	周家青社区科普馆	衢州市	浙江省衢州市江山市凝秀南路460号
519	周家乡中心小学禁毒教育馆	衢州市	衢州市衢江区周家乡中心小学
520	哈工大机器集团长三角中心（杭州湾）科创城	绍兴市	上虞区五星西路111号
521	柯桥江滨水处理公司中小学生环保教育实践基地	绍兴市	绍兴市柯桥区滨海工业区兴滨路与北十一路口
522	柯桥区华舍街道消防科普教育体验馆	绍兴市	柯桥区华舍街道稽山路交叉口
523	柯桥区平水日铸茶科普教育基地	绍兴市	柯桥区平水镇平阳村
524	柯桥区钱清中学“创客”培育基地	绍兴市	绍兴市柯桥区钱清街道万绣路788号
525	上虞区城南中学中医药文化科普教育基地	绍兴市	上虞区百官街道博学路1号
526	上虞区青少年宫	绍兴市	上虞区百官街道市民中心二路3号

续表

序号	基地名称	所在市	地址
527	上虞区上浦镇中学“东山民俗苑”科普教育基地	绍兴市	上虞区上浦镇四峰村
528	上虞区图书馆少儿科普教育基地	绍兴市	上虞区百官街道市民中心一路2号
529	上虞区虞东二都杨梅生态园	绍兴市	上虞区驿亭镇新横塘徐家岙村
530	上虞区樟塘小学“开心农场”科普教育基地	绍兴市	上虞区东关街道新丰村
531	上虞区职业教育中心生命教育基地	绍兴市	上虞区百官街道兰芎路187号
532	上虞区气象探测科普教育基地	绍兴市	上虞区崧厦街道外五甲村
533	绍兴博物馆	绍兴市	绍兴市越城区偏门直街75号
534	绍兴吼山旅游观光农业园区	绍兴市	越城区皋埠街道吼山风景区
535	绍兴锦绣农业科普教育基地	绍兴市	越城区东湖街道岑前村
536	绍兴仁昌酱园传统酱油酿造技艺传承基地	绍兴市	柯桥区安昌镇东市7号
537	绍兴市北海小学教育集团“BIKE机械创意工坊”科普教育基地	绍兴市	越城区新河弄129号
538	绍兴市北海小学教育集团“小小农博士”基地	绍兴市	越城区蕺山新村旁
539	绍兴市快阁苑小学科普教育基地	绍兴市	越城区快阁苑小区内
540	绍兴市青少年活动中心	绍兴市	越城区涂山路155号
541	绍兴市群贤小学红领巾气象站	绍兴市	越城区袍中北路3号
542	绍兴市少儿艺术学校特色教育科普基地	绍兴市	越城区卧龙路208号
543	绍兴市石语堂玉石文化博物馆	绍兴市	越城区东浦街道运河园
544	绍兴市质量技术监督检测院科普教育基地	绍兴市	袍江世纪东街17号
545	绍兴文理学院附小“红领巾博物馆”科普教育基地	绍兴市	越城区越西南路2号
546	绍兴文理学院医学科普教育基地	绍兴市	绍兴市城南大道900号
547	绍兴印山越国王陵文化旅游区	绍兴市	柯桥区兰亭镇里木栅村
548	绍兴中国酱文化博物馆	绍兴市	柯桥区平水镇新桥村
549	嵊州市城北小学科技苑	绍兴市	嵊州市剡湖街道安平西路66号

续表

序号	基地名称	所在市	地址
550	嵊州市青少年综合实践活动中心	绍兴市	嵊州市贵门乡贵门村318号
551	嵊州市剡溪小学科技苑	绍兴市	嵊州市长宁路1166号
552	特立宙动漫体验园	绍兴市	越城区斗门街道袍渎路以南
553	新昌县城关中学	绍兴市	新昌县沃洲路37号
554	新昌县狐巴巴自然教育营地	绍兴市	新昌县穿岩十九峰路前1号
555	新昌县气象局气象科普教育基地	绍兴市	新昌县江滨西路182号
556	新昌县青年路小学“小爱迪生科学院”	绍兴市	新昌县南明街道青年路81号
557	新昌县青少年活动中心科普教育基地	绍兴市	新昌县学苑路2号
558	新昌县世豪中医药科普教育基地	绍兴市	新昌县三合村
559	徐光宪纪念馆	绍兴市	上虞区汤浦镇舜岸村游客中心
560	越城区方圆观光农业园	绍兴市	越城区皋埠镇吼山风景区旁
561	越城区敬敷小学“少科院”	绍兴市	越城区袍渎路与袍中路交叉路口
562	越城区袍江小学“心晴创意园”	绍兴市	绍兴市越城区越英路以东
563	越城区书圣故里社区蕺山科普教育基地	绍兴市	越城区石家池沿92号
564	越城区小兰花培训中心航模科普教育基地	绍兴市	越城区迪荡街道东池路85号
565	越红工夫茶科普教育基地	绍兴市	诸暨市东白湖镇新上泉村58号
566	浙江杭一电器有限公司极客之家	绍兴市	柯桥区柯桥经济开发区梅林路268号
567	浙江景岳堂中医药科普教育基地	绍兴市	柯桥区钱清镇新甸村
568	浙江梅轮电梯股份有限公司科普教育基地	绍兴市	柯北工业园区齐陶路888号
569	浙江省上虞中学卧龙创意工场	绍兴市	上虞区曹娥街道人民大道西段786号
570	中纺院浙江分院纺织行业创新技术科普教育基地	绍兴市	越城区双堰路30号
571	中国轻纺城国家纺织面料馆	绍兴市	柯桥区柯桥创意大厦10-12楼
572	中国轻纺城展示中心科普教育基地	绍兴市	柯桥区柯桥街道104国道联合市场西侧

序号	基地名称	所在市	地址
573	中粮绍兴酒有限公司“魅力中粮”科普教育基地	绍兴市	绍兴市越城区越青甸湖西南100米（鉴清公路东）
574	诸暨市东白湖青少年综合实践基地	绍兴市	诸暨市东白湖镇
575	诸暨市枫桥镇安防体验馆	绍兴市	诸暨市枫桥镇老莲路7号
576	诸暨市工业职业技校防灾科普教育基地	绍兴市	诸暨市璜山镇桥下村
577	诸暨市暨阳街道滨江小学科技馆	绍兴市	诸暨市暨阳街道高湖路9号
578	诸暨市牌头镇中心小学同文少年农科院	绍兴市	诸暨市牌头镇站前路160号
579	诸暨市气象局气象科普教育基地	绍兴市	诸暨市苎萝东路162号
580	竺可桢故居	绍兴市	上虞区东关街道建东西路
581	和创智慧能源有限公司	台州市	温岭市城东街道沪商大厦22楼
582	黄岩区气象科普第二课堂	台州市	黄岩区气象局
583	黄岩区野生动物标本馆	台州市	台州市黄岩区宁溪镇老区公所
584	黄岩垚增苗木有限公司	台州市	黄岩区澄江街道东岙村
585	椒江电力体验中心	台州市	台州市椒江区工人路765号
586	椒江区洪家街道中心小学	台州市	椒江区洪家街道文昌路92号
587	椒江区青少年科学体验中心（一江山）	台州市	椒江区青年路406号
588	椒江下陈街道科普活动中心	台州市	椒江区下陈村文化礼堂
589	金清中学金中天文社	台州市	台州市路桥区金清大道100号
590	临海市艾滋病科普教育基地	台州市	临海市大洋街道曹家路227号
591	临海市城市规划展览馆	台州市	台州市临海市大洋街道张洋路2号
592	临海市大树古建科普文化馆	台州市	临海市大洋街道东方大道92号
593	临海市第一人民医院	台州市	临海市大洋街道大洋西路375号
594	临海市禾木天香筷子博物馆	台州市	临海市赤城路7-5号
595	临海市林场	台州市	临海市古城街道东湖路46号
596	临海市羊岩茶厂	台州市	临海市河头镇羊岩山茶场
597	临海市中小学生产实践教育基地	台州市	白水洋镇店前村琳山农校

续表

序号	基地名称	所在市	地址
598	路桥区螺洋街道藕池社区综合科普馆	台州市	路桥区螺洋街道藕池社区综合大楼5楼
599	路桥区南官小学	台州市	路桥区路北街道腾达路106号
600	路桥小学创客空间	台州市	台州市路桥区墨池路1号
601	三门尚游农业开发有限公司	台州市	三门县沙柳街道板樟山村
602	三门县浦坝港镇沿赤中心小学	台州市	三门县浦坝港镇沿赤中心小学
603	三门县心湖小学	台州市	三门县环湖东路5号
604	世界地质公园方山长屿硐天风景区	台州市	温岭市长屿硐天风景旅游区水云硐
605	台州德丰农业科技有限公司	台州市	白塔台湾农民创业园
606	台州科技职业技术学院	台州市	台州市黄岩区东城街道嘉木路288号
607	台州铭溢客科技有限公司	台州市	路桥区新桥镇新兴村长洋678号
608	台州人体科学馆	台州市	台州学院医学院
609	台州市第一中学	台州市	椒江区椒金路9号
610	台州市妇女儿童医院	台州市	台州市椒江区葭沚街道前进村188号
611	台州市黄岩合创快速制造技术有限公司	台州市	黄岩区东城街道王西路41号4号楼1楼
612	台州市黄岩智能模具小镇小镇客厅	台州市	黄岩区新前街道新江路398号
613	台州市青少年活动中心	台州市	台州市椒江区市民广场东北角
614	台州市台创增材制造技术有限公司	台州市	椒江区市府大道201号一层
615	台州市兴欣席业有限公司	台州市	路桥区金清镇汝泉工业区
616	台州市学院路小学	台州市	椒江区白云山西路261号
617	台州市知识产权保护中心	台州市	台州市开发大道东段788号知识产权大楼
618	台州市植物园	台州市	浙江省台州市椒江区桐东线
619	台州市中西医结合医院	台州市	台州市温岭市泽国镇商城大道350号
620	台州吴子熊玻璃艺术馆	台州市	台州市中心大道398号
621	台州喜柿山谷文化旅游发展有限公司	台州市	台州市温岭市坞根镇花溪村（坑潘景区）
622	台州翔龙航空科技有限公司	台州市	台州市台州湾新区东部海纳路599号航空航天配套产业园区2#楼

续表

序号	基地名称	所在市	地址
623	台州中科研学实践教育营地	台州市	椒江区前所街道前杜路10号3层
624	天台山云雾茶非遗陈列馆	台州市	台州市天台县石梁镇龙皇堂集云路20号
625	天台县博物馆	台州市	台州市天台县赤城街道国清路295号
626	天台县赤城街道第二小学	台州市	天台县赤城街道520号
627	天台县雷峰乡陶瓷科普馆	台州市	天台县雷峰乡黄家塘村
628	天台县龙溪乡淡水养殖场	台州市	天台县龙溪乡黄水村龙溪乡水产养殖场
629	天台县气象局	台州市	天台县始丰街道九龙大道336号
630	温岭市城南镇中心小学	台州市	台州市温岭市城南镇大闾街村518号
631	温岭市吉园果蔬专业合作社	台州市	温岭市滨海镇东片农场6大队
632	温岭市健康生活体验馆	台州市	温岭市城东街道阳光大道179号
633	温岭市箬横镇科普惠农西瓜科普馆	台州市	温岭市箬横镇七塘（近225省道）
634	温岭市石桥头镇中心小学	台州市	台州市温岭市石桥头镇振兴南路168号
635	温岭市曙光园旅游开发有限公司	台州市	温岭市石塘千年曙光园
636	温岭市田园牧歌文旅产业发展有限公司	台州市	温岭市城南镇凤溪村兰公岙大桥
637	温岭市新河镇中学（地震馆）	台州市	温岭市新河镇文化路51号
638	温岭市泽国镇第二小学	台州市	泽国镇商城大道200号
639	温岭市泽国镇第二中学	台州市	温岭市泽国镇西城路358号
640	温岭新河镇中心小学	台州市	温岭市新河镇继光路7号
641	仙居横溪镇下街村金村自然村	台州市	仙居横溪镇下街村金村自然村
642	仙居县第四小学	台州市	仙居县中桥路25号
643	玉环国家基本气象站	台州市	玉环市玉城街道广陵南路596号
644	玉环市龙溪镇山里村	台州市	玉环市龙溪镇山里村
645	玉环市漩门湾观光农场开发有限公司	台州市	玉环市清港镇迎宾西路
646	玉环市盐盘水果种植专业合作社	台州市	玉环市干江镇盐盘村
647	玉环市玉水农业观光有限公司	台州市	玉环市玉城街道玉水村

续表

序号	基地名称	所在市	地址
648	浙江梵地生态农业科技有限公司	台州市	黄岩区宁溪镇宁联村白晏
649	浙江凤凰源农业科技有限公司	台州市	台州市路桥区横街镇天泗湖
650	浙江横河绿洲农业发展有限公司	台州市	椒江区下陈街道横河陈村南北街24号
651	浙江汇今旅游开发有限公司	台州市	仙居县白塔镇东横街村文化礼堂1-1号
652	浙江三秀生物科技有限公司	台州市	浙江省台州市椒江区海门老街2号、4号
653	浙江山之春农业开发有限公司	台州市	天台县三州乡
654	浙江蛇蟠岛旅游开发有限公司	台州市	三门县蛇蟠乡黄泥洞村
655	浙江瀛和动物园管理有限公司	台州市	温岭市太平街道沗底杨村（温岭动物园）
656	浙江浙能台州第二发电有限责任公司	台州市	三门县浦坝港镇能源路1号
657	浙江珠算协会国华珠算博物馆	台州市	台州市临海市深甫西路117号
658	浙江竺梅进出口集团有限公司（仙居竺梅枕文化博物馆）	台州市	台州市仙居县艺城中路11号
659	“美丽温州之窗”——温州市生态环境局科普基地	温州市	鹿城区学院中路237号
660	白云山农业观光园	温州市	温州白云山度假村
661	苍南县水利工程科普教育基地	温州市	浙江省苍南县桥墩镇仙堂村
662	苍南县水文科普教育基地	温州市	苍南县灵溪镇风华小区1-8幢苍南县水文站
663	苍南中学科技教育基地	温州市	苍南县灵溪镇仁英路877号
664	洞头蓝色海湾科普体验馆	温州市	温州市洞头区北岙街道海兴路95号
665	洞头区东海贝雕艺术博物馆	温州市	洞头区新城燕子山公园广场入口
666	矾文化体验基地	温州市	苍南县矾山镇八一路38号
667	猴王谷科普教育基地	温州市	温州市文成县铜铃山镇猴王谷景区
668	乐清市雁荡山林场	温州市	乐清市雁荡镇净名路15号
669	龙湾区文博馆	温州市	龙湾区机场大道501号
670	鹿城区滨江街道陡门社区海洋文化科普馆	温州市	滨瓯景园2幢201室

续表

序号	基地名称	所在市	地址
671	鹿城区滨江街道洪殿社区科普馆	温州市	鹿城区滨江街道洪殿社区洪福巷47号
672	鹿城区春秋社区科普馆	温州市	鹿城区南汇街道春秋社区
673	鹿城区郭公山社区科学体验中心	温州市	鹿城区麻行小区6幢2楼
674	鹿城区灰桥社区科普体验中心	温州市	鹿城区灰桥新村7幢车棚2楼
675	鹿城区临江小花朵亲子教育基地	温州市	鹿城区藤桥镇金岙村金岙路21号
676	鹿城区松台地震科普馆	温州市	大士门宝纶大厦二楼
677	鹿城区松台街道庆年坊社区体验式科普馆	温州市	鹿城区珠冠巷59号对面（庆年坊文化家园）
678	南麂岛海洋文化馆科普教育基地	温州市	平阳县昆阳镇横阳东路34号
679	瓯海区潘桥街道平安教育馆	温州市	温州市瓯海区潘桥街道华亭村高桐路838号
680	瓯海区下川金星地质科普教育基地	温州市	温州市瓯海区丽岙街道下川村育英路1号
681	平安瓯海新桥教育馆	温州市	温州市瓯海区康健路海派公馆
682	平阳县中小学综合实践基地	温州市	浙江温州市平阳县鳌江镇梅源社区邮电路190号
683	七星天文科普教育基地	温州市	温州市平阳县鳌江镇七星村综合楼
684	荣祥农耕文化展览馆	温州市	瑞安市陶山镇荣桥村荣祥
685	瑞安市安阳街道育才社区科普展示馆	温州市	瑞安市安阳街道隆欣佳园4-1-101
686	瑞安市第六中学百草园中草药劳动实践教育基地	温州市	瑞安市马屿镇江心路1号
687	瑞安市花岩国家森林公园	温州市	瑞安市高楼镇花岩村
688	瑞安市夹缬科普教育基地	温州市	温州市瑞安市马屿镇净水村国道322线
689	瑞安市小王子主题农庄	温州市	瑞安市湖岭镇贾岙村银杏路168号
690	生命救护科普基地	温州市	温州市学院西路82号
691	泰顺三插溪水库水利科普教育基地	温州市	泰顺县泰庆南路165号
692	泰顺县大溪源蝴蝶谷研学实践基地	温州市	泰顺县罗阳镇大溪源村
693	泰顺县地震科普馆	温州市	泰顺县罗阳文祥大道173号

续表

序号	基地名称	所在市	地址
694	泰顺县气象科普教育基地	温州市	温州市泰顺县罗阳镇云寿路96号
695	泰顺县消防知识科普教育馆	温州市	温州市泰顺县罗阳镇乌岩岭路188号
696	泰顺县中小学综合实践基地	温州市	泰顺县西旸镇中学路39号
697	温州大学动植物标本展示馆	温州市	温州市瓯海区茶山高教园温州大学南校区生命与环境科学学院10A-204
698	温州大学航空航天馆	温州市	温州市学院中路276号温州大学学院路校区逸夫楼
699	温州大学青少年自然科学科普教育基地	温州市	茶山高教园区温州大学北校区6号楼
700	温州大学苏步青谷超豪纪念馆	温州市	茶山高教园区温州大学南校区岩松堂二楼
701	温州大学智能机器人科普教育基地	温州市	茶山高教园区温州大学南校区12号楼
702	温州大学智能制造科普教育基地	温州市	茶山高教园区温州大学综合科技大楼九楼
703	温州航标实训基地	温州市	洞头区北岙街道杨文工业区洞头航标管理站
704	温州护士学校中医药传统手工艺体验馆	温州市	温州市洞头区灵昆街道瓯江口新区霓贤路与瓯石路交界处
705	温州计量科普教育基地	温州市	温州市鹿城区汤家桥南路计量大楼
706	温州加智科普实验教育基地	温州市	温州市鹿城区鸿翔锦园A栋M层402号
707	温州金洲动物博物馆	温州市	洞头区灵昆街道龙昌路1弄1号
708	温州科技职业学院自然科普教育基地（园林观赏植物科普教育基地）	温州市	温州瓯海区六虹桥路1000号
709	温州理工学院应急科普智慧基地	温州市	温州经济技术开发区金海三道337号
710	温州龙湾伟明环保能源科普教育基地	温州市	温州市龙湾区永中街道度山村
711	温州青少年爱牙科普教育基地	温州市	浙江省平阳县昆阳镇平甫路嘉华国际4号楼3楼
712	温州市城管环卫科普教育基地	温州市	温州市鹿城区山福镇沙头村临江垃圾发电厂内

续表

序号	基地名称	所在市	地址
713	温州市公共健康教育科普基地	温州市	温州医科大学（温州茶山高教园区温州医科大学同仁楼）
714	温州市花卉科普教育基地	温州市	温州市上桥路186号（园林花圃内）
715	温州市健促会中医药文化科普教育基地	温州市	鹿城区南塘中医药特色街区，以10号楼温州南塘名医大讲堂为中心
716	温州市龙湾区永中白水民俗博物馆	温州市	龙湾区永中街道天柱路郑宅村
717	温州市龙湾区质量技术监督检验所科普教育基地	温州市	龙湾区永中街道高新大道158号
718	温州市蒲州育英学校蒲英园	温州市	鹿城区新城蒲源路175号
719	温州市青少年海洋科普教育基地	温州市	浙江省温州市鹿城区河通桥6-1号
720	温州市青少年活动中心	温州市	温州市鹿城区府东路868号
721	温州市润新科普教育基地	温州市	鹿城区山福镇润新路169号
722	温州市食品药品安全科普馆	温州市	温州市龙湾区南洋大道浙南云谷J幢
723	温州市水利科学馆	温州市	温州瓯海区六虹桥路1000号
724	温州市水生态文化科普馆	温州市	温州市瓯海区南白象街道西象路1号南片污水处理厂
725	温州市维日康无人机科普馆	温州市	温州市瓯海区娄桥工业园区森茂路118号
726	温州市无偿献血科普馆	温州市	温州市洞头区灵昆街道霓贤路温州市中心血站
727	温州市益优农产品市场管理有限公司食品安全检测中心	温州市	温州市瓯海区娄桥街道古岸头村
728	温州数学名人馆	温州市	浙江省温州市鹿城区锦绣路1061号-白鹿洲公园
729	温州童游城海洋主题教育基地	温州市	温州市瓯海区潘桥街道宁波路2888、2890号地下室负1层
730	温州新世纪智慧城市体验馆	温州市	龙湾区上江路新世纪商务大厦二楼
731	温州雅西休闲农业科普教育基地	温州市	鹿城区山福镇双潮乡下冯村雅西休闲农庄
732	温州药谷生长因子科普中心	温州市	温州市瓯海区学府北路中国基因药谷启动区A幢2楼
733	温州浙农生态农庄青少年科普教育基地	温州市	温州市鹿城区藤桥镇雅岭路

续表

序号	基地名称	所在市	地址
734	文成县博物馆	温州市	浙江省文成县文青公路1号
735	文成县旅投公司百丈漈景区科普教育基地	温州市	文成县百丈漈景区
736	文成县气象科普馆	温州市	文成县大峃镇栖云路268号
737	文成县中小学综合素质实践基地	温州市	文成县大峃镇龙溪路
738	雁荡山铁皮石斛文化中心	温州市	浙江省乐清市龙西乡北垟村
739	永电水利科普教育基地	温州市	龙湾区永强大道4679号
740	永嘉瓯忆瓯窑科普基地	温州市	永嘉三江街道瓯窑小镇坦头村
741	永嘉县春秋陶瓷博物馆	温州市	永嘉县黄田街道千石村双井路15号
742	永嘉县大若岩自然科普教育基地	温州市	永嘉县大若岩镇李茅村
743	永嘉县气象台	温州市	永嘉县东城街道码道西街中段43号
744	浙安院网络信息安全科普教育基地	温州市	温州市瓯海区瓯海大道2555号
745	浙安院智慧应急安全科普教育基地	温州市	温州市瓯海区瓯海大道2555号
746	浙工贸青少年人工智能科普教育基地	温州市	温州市洞头区瓯江口产业集聚区雁云路301号
747	浙工贸知识产权科普教育基地	温州市	温州市鹿城区府东路717号
748	浙江东方学院瓯窑科普教育基地	温州市	温州经济技术开发区金海三道433号
749	浙江金田高分子材料研究院科普教育基地	温州市	龙港市龙金大道999号
750	浙江聚优品生物科技股份有限公司	温州市	乐清市大荆镇下山头村
751	浙江省塑料包装与皮革制品质检科普教育基地	温州市	平阳县海西镇滨海新区广场路1号1幢
752	浙南美谷科普教育基地	温州市	鹿城区七都街道温州金融科技文化中心2号楼
753	浙南民俗博物馆	温州市	文成县铜铃山镇下垟村民垟路29号
754	竹里馆	温州市	温州市泰顺县竹里畲族乡竹里村竹黄路1-2号
755	传奇庄园科普教育体验基地	舟山市	定海区白泉镇柯梅社区
756	岱山电力科普馆	舟山市	岱山县高亭镇徐福大道111号
757	岱西葡萄科普馆	舟山市	岱山县岱西镇长欣东路102号
758	定海南洞艺谷	舟山市	定海区干览镇新建社区里陈138号

续表

序号	基地名称	所在市	地址
759	定海区册子海域古动物骨骼化石陈列室	舟山市	定海区岑港街道册子管理处册南路28号
760	定海区海山小学防震减灾科普馆	舟山市	定海白虎山路105号
761	定海区和盛果蔬专业合作社	舟山市	定海区小沙街道大沙村下庵
762	定海区檀东社区科学探索吧	舟山市	定海东瀛路168号檀枫物管楼二楼
763	定海区旭旺养殖场	舟山市	定海区小沙街道毛峙社区
764	定海祥农休闲农庄	舟山市	定海区马岙街道原北海村
765	南海实验学校	舟山市	舟山市海天大道269号
766	普陀东港中学	舟山市	舟山市普陀区东港中学
767	普陀二中科技学院	舟山市	舟山市普陀区普陀第二中学
768	普陀区气象台	舟山市	舟山市普陀区青龙山
769	沈家门小学校园科技馆	舟山市	舟山市普陀区东港晨晖街35号沈家门小学
770	嵊泗县食品安全科普教育基地	舟山市	嵊泗县菜园镇马关关岙村
771	嵊泗中学科技创新教育基地	舟山市	嵊泗县菜园镇东海路50号
772	渔文化展示馆	舟山市	普陀区沈家门街道渔市一路95号海贸大厦2406舟山国际水产城
773	展茅五匠馆	舟山市	普陀区展茅街道干施岙经济合作社
774	浙江国际海运职业技术学院船舶与航海科普陈列馆	舟山市	舟山市新城海天大道268号
775	浙江海洋大学海洋渔船模型展示中心	舟山市	定海区长峙岛海大南路1号
776	浙江海洋大学海洋渔具展示中心	舟山市	定海区长峙岛海大南路1号
777	浙江海洋大学航海虚拟仿真中心	舟山市	定海区长峙岛海大南路1号
778	浙江科技馆普陀分馆	舟山市	普陀区东港灵秀街91号东港中学内
779	浙江省定海第一中学	舟山市	舟山市定海昌国路103号
780	舟山名人馆	舟山市	舟山市定海区总府路132号
781	舟山市岱山县东沙古镇消防教育馆	舟山市	岱山县东沙镇解放路222号
782	舟山市地质资料馆	舟山市	定海区临城千岛路159号市国土资源局12楼
783	舟山市第一初级中学	舟山市	舟山市新城临城街道官山路39号

续表

序号	基地名称	所在市	地址
784	舟山市农林科学院	舟山市	定海区腾坑湾路
785	舟山市新城喜果家庭农场	舟山市	定海区临城街道毛竹山社区深坑路设施用房南边
786	舟山市中小学素质教育实践基地（消防科普教育基地）	舟山市	舟山市定海区白泉镇皋泄社区富强新村路67号
787	朱家尖小学海之韵环保教育基地	舟山市	舟山市普陀区朱家尖街道庆丰路23号
788	嵊泗县海水淡化厂	舟山市	嵊泗县菜园镇基湖村碧海路5号
789	定海区甬东休闲鱼庄	舟山市	舟山市定海区城东街道甬东村兴东路2号
790	岱山县高亭中心小学	舟山市	岱山县高亭镇新河路27号
791	岱山县青少年宫	舟山市	岱山县高亭镇衢山在道605号
792	岱山县秀山小学兰秀博物馆	舟山市	岱山县秀山乡秀北圆墩47号